LIFE

IIJIMA Nami's homemade taste

LIFE 3

生活味

每天都想回家吃！的料理

料理設計家 飯島奈美著
攝影 大江弘之

LIFE 3 每天都想回家吃！的料理

目錄

前言

飯島奈美

「LIFE」這本料理書，是我所崇拜的糸井重里先生所取名而展開的系列。但是，當初我自己覺得，料理書叫這名字好像太小題大做了點。（不好意思。）

不過，在「LIFE」出版之後，我馬上就明白其實並沒有小題大做，真的就是名副其實的「LIFE」。如雪片般飛來的讀者回函，載滿了「幸福的LIFE」，來到我身邊。

彷彿閱讀短篇小說，一封封的電子郵件和手寫信件，讓我有時歡笑，有時感動，有時又熱淚盈眶。真是厲害啊，一般的日子裡也值得慶祝！的料理。如果我的食譜能夠帶給大家些許助益，這就是讓我感到最開心而榮耀的事了。希望大家今後也能以「LIFE」的食譜為本，活用季節時蔬，調整成更貼近家人喜好的口味，創造出每一家、每一戶獨特的料理。

只要每天都能吃得美味、吃得健康，不管發生什麼事情，都會有勇氣來面對。

本書使用的調味料

書中沒有特別說明的基本調味料，
讀者可依以下說明使用。

醬油
使用濃味醬油。

鹽
使用鍋釜煎煮海水所得到的「粗鹽」。

砂糖
使用雙目糖（粗粒白糖）。
也可以使用日本精緻上白糖或細砂糖。

油
使用太白麻油或沙拉油。
（譯註：太白麻油是指將生芝麻直接榨成的油。）

奶油
使用含鹽奶油。
一盒200克的奶油可以切成20等份方便使用。
（1片約10克。）

酒
如果是指日本酒和紅白酒等，指的就不是料理用酒，
請選擇自己認為好喝的酒來使用。

味醂
使用本味醂。（譯註：本味醂含酒精成分達13.5%～14.5%，
而另一種常見的味醂風味的調味料，酒精成分相當低。）

本書使用的工具

書中沒有特別說明的基本料理工具，
讀者可依以下說明準備。
其他必要的工具，
會在該道食譜材料的部分說明。

- 料理用磅秤
- 量匙
- 量杯
- 菜刀
- 砧板
- 攪拌盆（大、小）
- 篩子（大、小）
- 調理盤（大、小）
- 平底鍋
- 單柄鍋
- 雙柄鍋（大、小）
  大鍋的深度最好足夠將義大利麵輕鬆煮好。
- 食物用保鮮膜
- 鋁箔紙
- 電子鍋
- 磨泥器
- 削皮刀
- 烤肉夾
- 湯杓
- 鍋鏟
- 長筷
- 木鏟
- 橡皮刮刀（耐熱）
- 廚房紙巾
- 紗布

高湯的製作方法（昆布柴魚高湯）

200cc的高湯

・切成大型郵票大小的昆布　1片
・柴魚片　6克
・水　200cc

1,000cc的高湯

・昆布　10公分正方形1片
・柴魚片　20～30克
・水　1,000cc

昆布先泡水30分鐘後直接開中火，
加熱至即將煮滾前取出。
接著放入柴魚片，稍微煮滾後熄火，
待材料下沉後過濾就完成。
製作煮物或火鍋時，
可以取多一點份量來使用比較方便。
（建議先嘗過高湯的味道再使用。）

高湯的製作方法（昆布高湯）

500〜1,000cc的高湯

・昆布　10公分正方形1片
・水　500〜1,000cc

昆布先泡水30分鐘後直接開中火，
加熱至即將煮滾前取出。
或是昆布泡水2小時半到半天的時間，
再將昆布取出即可使用。

爸爸自己煎來吃的
照燒雞肉。

材料（2～3人份）

配料

・雞腿肉　2塊（約500克）
・長蔥　1支
・酒　1大匙
・鹽　2小撮
・太白粉　適量

醬汁

・酒　5大匙
・醬油　2 1/2大匙
・味醂　1 1/2大匙
・砂糖　1大匙

工具

・竹籤

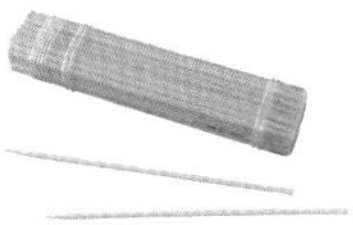

製作重點

媽媽參加家長會，爸爸一個人看家。
「中午要吃什麼啊～」
「料已經醃好，等會兒煎一下就可以吃了。」
因此準備了這樣一道料理。
外皮酥脆、裡面鮮嫩多汁。
配啤酒很棒，當然也很下飯，這就是照燒雞的魅力。
照燒的做法原本是將肉沾了醬汁後直接燒烤，外皮才會酥脆。
不過如果使用平底鍋，就要事前在雞皮上戳洞，
讓油脂跑出來，先「乾煎」外皮。
同時，在過程中盡量不要讓醬汁接觸到外皮，也是重要的步驟。
另外，雞肉不要切塊，整塊下去煎，裡面的肉汁才不會流失。

做法

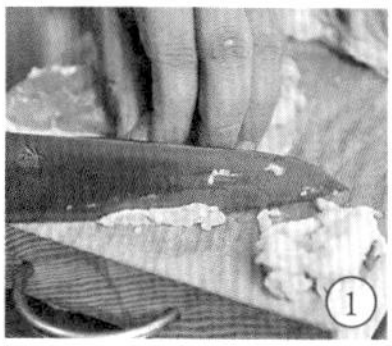
①
去除雞腿肉多餘的脂肪和血塊。

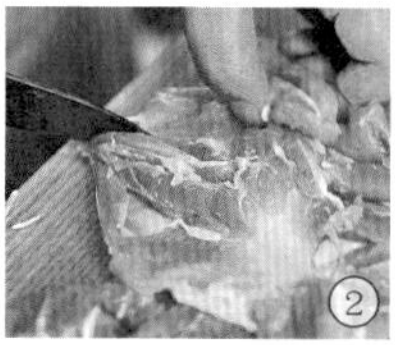
②
腿肉較厚的部分切上幾刀並攤開，好讓整塊肉厚度平均。

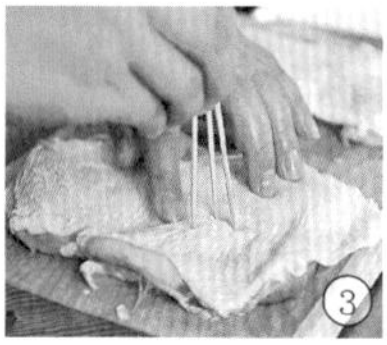
③
用竹籤或叉子在雞皮上戳洞。一次使用3支竹籤的話，大概戳上10次即可。

④
將雞腿肉置於攪拌盆中，加入酒和鹽去腥。

⑤
將雞腿肉置於廚房紙巾上。

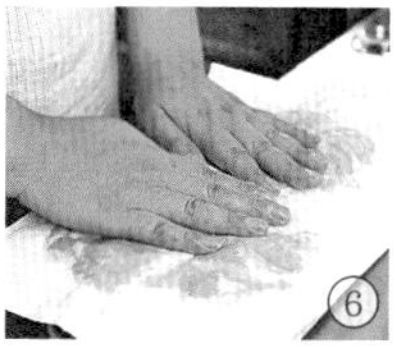
⑥
雞腿肉上方再蓋上廚房紙巾，用手輕壓吸乾水分。

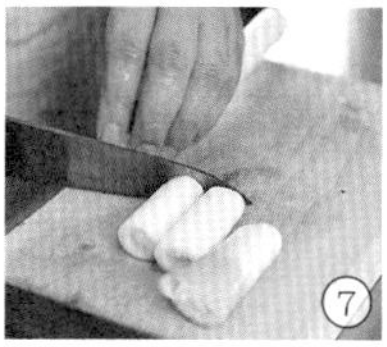
⑦
長蔥切成易入口的大小備用。

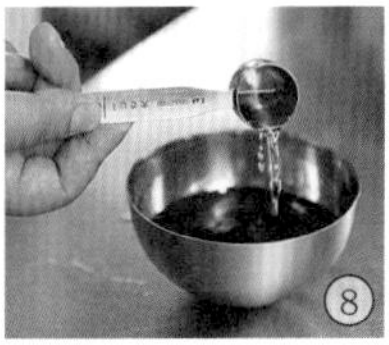

攪拌盆加入酒、醬油、砂糖和味醂，
混合均勻。
以上均為「事前準備」，
如果不是馬上煮，
記得把肉放進冰箱冷藏。

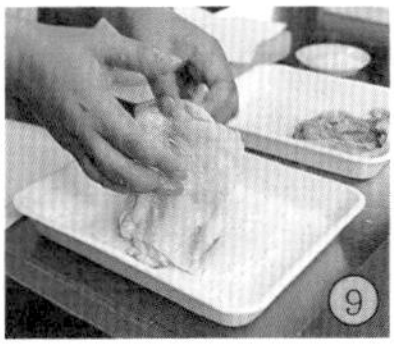

烹煮前，
整塊雞腿肉要裹滿太白粉，
再將多餘的粉拍掉。

平底鍋不需熱鍋和倒油，
雞腿肉帶皮那面朝下直接放入鍋中。

蓋上鍋蓋，
先用中火乾煎6～8分鐘。

期間可使用廚房紙巾
吸掉乾煎出來的油脂。

大概乾煎5分鐘後拿掉鍋蓋，
放入長蔥。

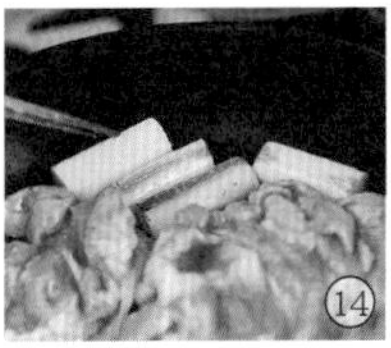

長蔥煎出焦色後翻面。

下鍋煎了約6分鐘後檢查一下肉色，
顏色不夠深的話再煎久一點。

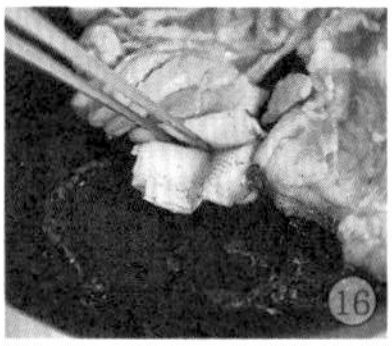

吸掉多餘油脂。

將雞肉翻面，
把火關小，
再煎約1分鐘。

醬汁不要淋到雞皮，
從鍋邊加入，
燉煮約1分半。

取出長蔥和雞肉放到調理盤上。

繼續燉煮醬汁。
煮過頭的話會變得太稠，
要隨時注意。

等到醬汁燉煮得差不多後，
將雞肉切成一口大小。

把雞肉和調理盤上的殘汁倒回鍋中，
與燉煮好的醬汁攪拌均勻。

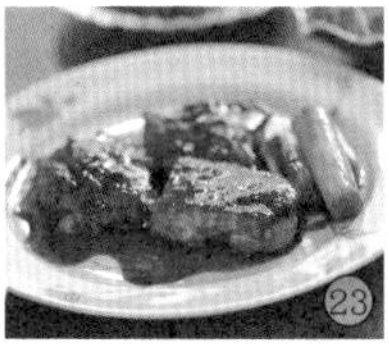

裝盤後擺上長蔥便完成。

吃光光的通心粉沙拉。

材料（4人份）

通心粉

・乾燥通心粉　75克（½包）
・水　1,000cc
・鹽　1小匙

預先調味用的調味料

・油　1小匙
・檸檬汁（可用醋代替）　1小匙
・鹽　⅓小匙
・胡椒　少許

配料

・洋蔥　⅙顆
・火腿　3片
・小黃瓜　1條
・胡蘿蔔　⅓條

特製美乃滋

・美乃滋　3大匙
・牛奶　½大匙
・蕃茄醬　1小匙
・辣椒粉　½小匙
・醬油　少許（依個人喜好）
・鹽、胡椒（覺得味道太淡則依個人喜好加入）

製作重點

請男友來家裡吃飯。
雖然也做了薑燒豬肉和蛋包飯，
但最希望能讓他吃得開心的就是這一道！
是配菜，也是絕對能讓人吃光光、充滿自信的料理。
這是我定調的主題。
重點就在通心粉的口感。
煮的時間久一點，是為了呈現出蓬鬆柔軟的口感。
通心粉一開始就先和調味料混合，除了能更入味之外，
也是不想讓美乃滋搶過太多味道。
而美乃滋加入牛奶，
則是讓味道更加柔潤。
小黃瓜去籽後比較不容易出水。
配料切得和通心粉一樣長。

做法

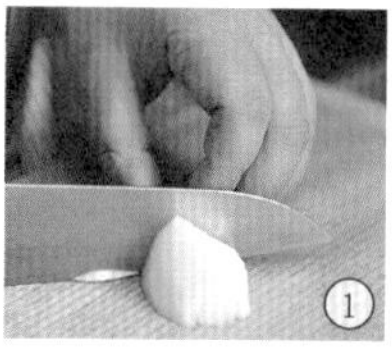

準備配料。
將洋蔥橫切成半。

薄切成絲。

放入攪拌盆，
撒上1小撮鹽（材料外），
稍微搓揉後，
用水浸泡約5分鐘。

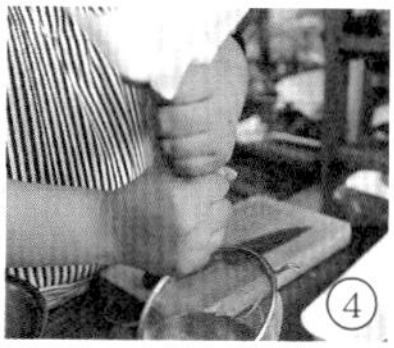

瀝乾後擠壓出水分。

洋蔥再次放入攪拌盆，
加入油、檸檬汁、鹽和胡椒，
混合均勻。

水煮滾加鹽，
放入通心粉，
比包裝上說明的時間多煮2分鐘。

煮好的通心粉確實瀝乾水分，
趁熱和步驟⑤的材料混合均勻。
放置約10分鐘，
降到常溫後備用。

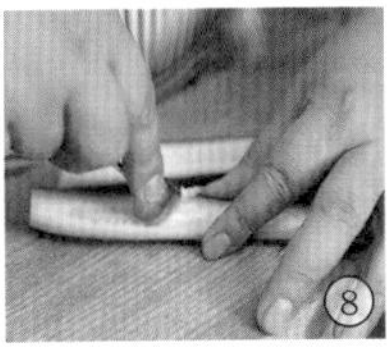

準備配料。小黃瓜縱切成半，用湯匙去籽。

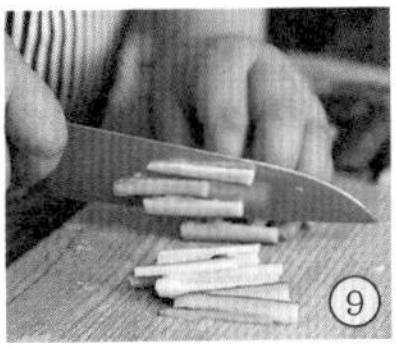

長度切成4等份，然後切成3公釐的細條。

胡蘿蔔削皮後切成稍粗的細條。

小黃瓜和胡蘿蔔混合後，均勻撒上1小撮鹽（材料外）放置備用。

火腿對切後切成5公釐的細條。

將美乃滋、牛奶、蕃茄醬、辣椒粉加到攪拌盆中，並依個人喜好酌加醬油，混合攪拌均勻。

小黃瓜和胡蘿蔔擠壓出水分。

將調好的美乃滋倒入放有通心粉的攪拌盆，再倒入小黃瓜、胡蘿蔔和火腿，混合均勻。嘗一下味道，如果覺得太淡，可以再加一些鹽和胡椒。

第一次的豆渣料理。

材料（4人份）

配料

- 豆渣　200克
- 蓮藕
- 胡蘿蔔
- 牛蒡　（共120克）
- 乾香菇　1～2朵（用水泡開）
- 蒟蒻　1/4塊（70克）
- 薩摩油炸魚糕　1片（50克）（也可使用竹輪、炸小卷、豬肉或雞肉）
- 長蔥　綠色的部分1/3支（也可使用紅蔥）

調味料

- 油　3大匙
- 高湯　500cc（＊）
- 鹽　1/3小匙
- 淡味醬油　1大匙
- 砂糖　1/2大匙
- 酒　2大匙

（＊參照第10頁「高湯的製作方法」。）

製作重點

還住家裡的時候常吃的豆渣料理，
最近好像很久沒吃了。
去熟食店買現成的，味道有點太重，
原本是想大飽口福的啊⋯⋯
這就是突然間好想吃的「老媽的豆渣料理」。
於是打電話給媽媽問問該怎麼做，
第一次嘗試自己動手做。
因為想要吃到飽，所以調味較為清淡。
重點是在翻炒豆渣以外的配料時，
要先讓配料在鍋底稍微燒乾，才能濃縮食材的美味。
吃膩了或是想重新加熱的時候，
可以加入剁碎的泡菜，
或用麻油提味。
另外，烹調時用的油，一半直接改用麻油的話，
便能讓味道更為醇厚。

做法

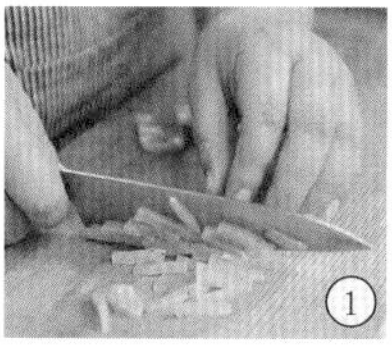

蒟蒻切成長度較短的細條。

鍋子加水，放入蒟蒻汆燙。

水滾後用網杓瀝乾。

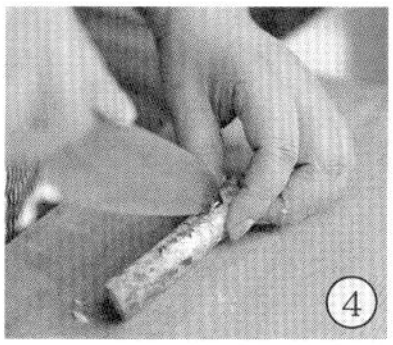

牛蒡用菜刀縱劃3、4刀。

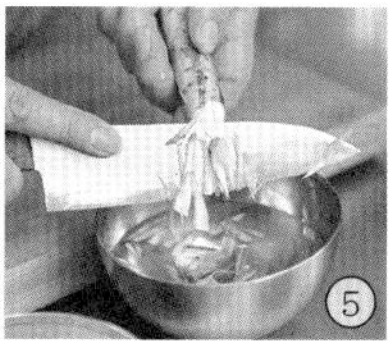

削成斜片後泡水。

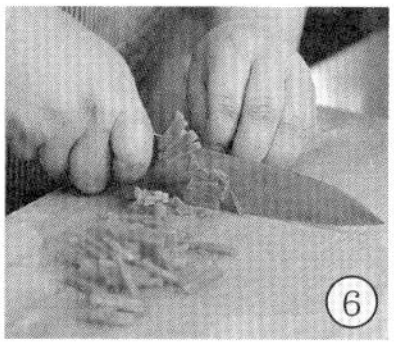

胡蘿蔔削皮，切成長度較短的細條。

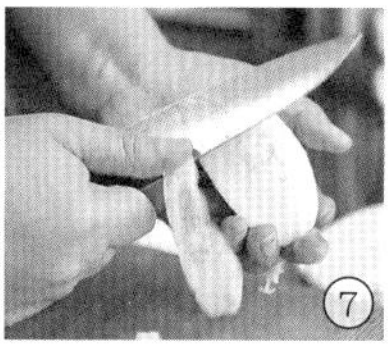

蓮藕削皮。

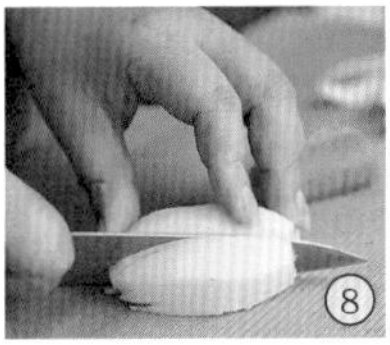

⑧ 縱切成半，再切成3等份。

⑨ 切成薄片。

⑩ 薩摩油炸魚糕橫剖成一半的厚度。

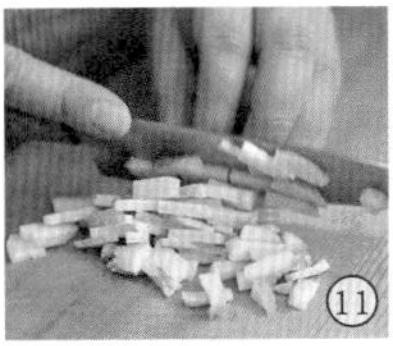

⑪ 切成3等份，再切成長度較短的細條。

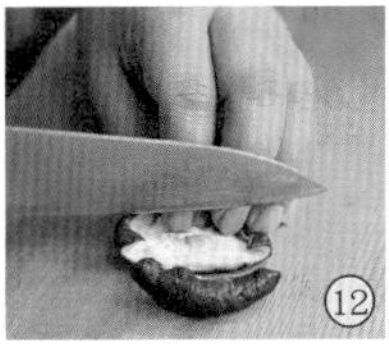

⑫ 泡開的乾香菇擠壓出水分、去掉蒂頭，切成3塊。

⑬ 再切成細條。

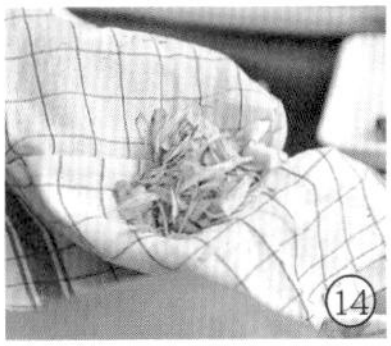

⑭ 泡水的牛蒡將水分擠乾。

⑮ 油倒入鍋中，開中火。

放入蒟蒻、牛蒡、蓮藕、
胡蘿蔔、薩摩油炸魚糕和乾香菇。

輕輕翻炒，動作不要太大，
要讓配料彷彿會黏在鍋底一樣。

加熱3～4分鐘後，
加入酒、砂糖和淡味醬油。

像是要鏟起微焦黏鍋的配料那樣
大力翻炒。

加入高湯和鹽。

煮滾。

滾了以後倒入豆渣。

用中火煮20～25分鐘。

等待期間先將長蔥切碎。

一直煮到水幾乎快要煮乾。
（依個人喜好決定煮乾的程度。）

加入長蔥，
再煮1～2分鐘，
一邊攪拌混合。

熄火，
蓋上鍋蓋燜一下，
讓整體味道融合就完成了。

像小山一樣高的竹莢魚南蠻漬。

材料（3～4人份）

配料

- 竹莢魚　15～20隻
- 洋蔥　½顆
- 胡蘿蔔　½條
- 芹菜　1支
- 茗荷　2～3顆
- 青紫蘇　4～5片

南蠻醋

- 醃梅子　1顆
- 昆布　5公分正方形1片
- 紅辣椒　1支
- 砂糖　1大匙
- 味醂　4大匙
- 淡味醬油　4大匙
- 水　240cc
- 醋　160cc

其他

- 低筋麵粉　適量
- 炸油　適量

製作重點

因為賣魚的老闆一句「很便宜啊！多買一點吧！」而買下的竹莢魚。
我們家很少品嘗整條魚「從頭吃到尾」的美味，
所以媽媽這次決定做出像小山一樣份量的竹莢魚南蠻漬。
食譜中介紹了事前處理的方法，
不過如果買的是已經處理好的魚，可能還是會殘留一些血塊，
回來之後一樣可以用水或鹽水沖洗乾淨。
醃漬時間大約2～3小時，
但若想要現炸現吃，
可以將南蠻醋的水量減半，用濃縮的醋汁拌來吃即可。
另外，放冰箱冷藏的話，可以將味道封在食物裡，同樣很好吃。
蔬菜的部分還可以使用青椒或薑，
竹莢魚也可以改用鹽和胡椒調味的雞肉，裹上低筋麵粉後油炸，
又是另一種美味。

做法

小湯鍋裝水，
放入昆布和醃梅子。

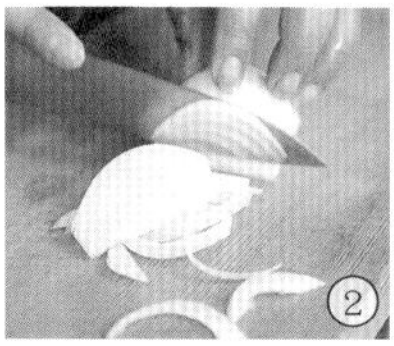

洋蔥切絲。

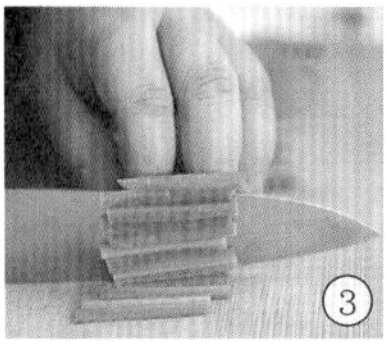

胡蘿蔔削皮後切絲。

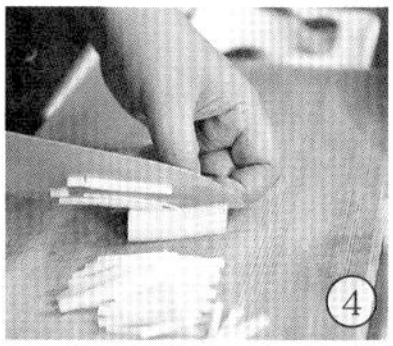

芹菜去葉和硬筋後切絲。

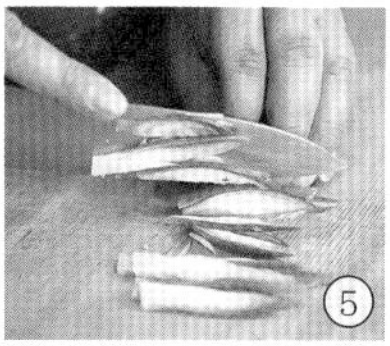

茗荷也同樣切絲。
切好的菜絲置於調理盤備用。

步驟①的鍋中加入砂糖。

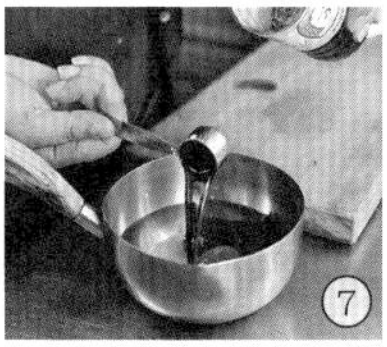

加入味醂和淡味醬油。

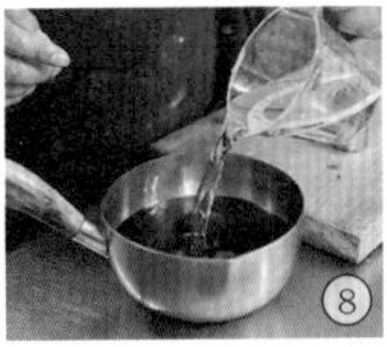

倒入醋。

紅辣椒剖半去籽放入鍋中開火煮沸，
這就是南蠻醋。

將煮沸的步驟⑨醋汁
倒入盛裝菜絲的調理盤。
紅辣椒、昆布、醃梅子也一起倒進去。

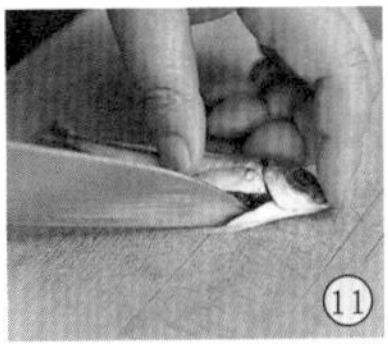

處理竹筴魚。
從鰓部下刀斜切。

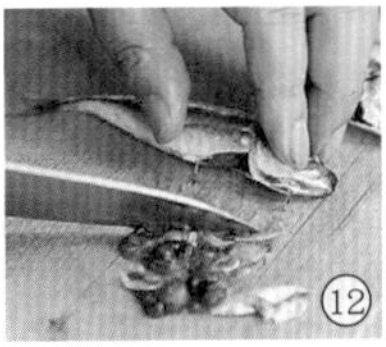

將魚鰓和魚內臟一起剔除。
（竹筴魚可以不用去鱗。）

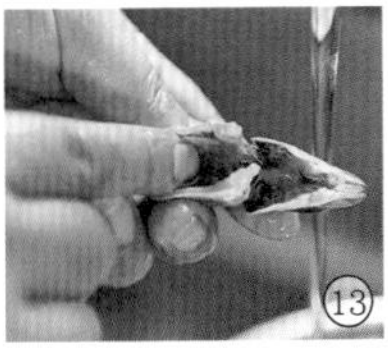

用水沖洗乾淨，
尤其是魚肚內的血塊。
用廚房紙巾將裡外的水分吸乾。

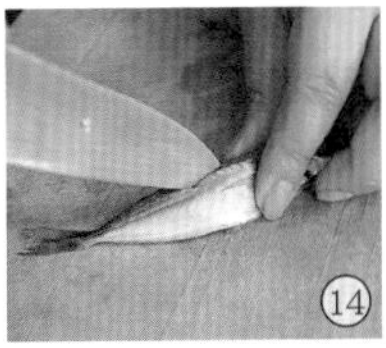

從竹筴魚側邊沿著魚骨劃開。

整隻魚裹滿低筋麵粉後，
再將多餘的粉拍掉。

放入165～170℃的熱油中。

10公分大小的竹莢魚油炸7分鐘，大一點的竹莢魚油炸8～9分鐘。最後開大火讓外皮變得酥脆。

炸好用廚房紙巾吸去多餘油脂。

將調理盤中的菜絲推到一側，炸好的竹莢魚浸泡在南蠻醋中。再把菜絲蓋到魚上，醃漬入味。

上桌前全部混合均勻，撒上切碎的青紫蘇後就完成了。

想要現炸現吃的
甜甜圈。

材料（直徑8公分的甜甜圈8～10個）

麵糰

・低筋麵粉 240克＋擀麵用手粉適量
・泡打粉 2小匙
・雞蛋 2顆（常溫）
・砂糖 6～8大匙
・奶油 30克（常溫＊）
・油 1大匙
・牛奶 4大匙

（＊冬天的常溫奶油若不好攪拌，可以用500瓦的微波爐視狀況加熱約20秒軟化。）

其他

・炸油 適量
・細砂糖 適量

工具

・篩子
・擀麵棒
・甜甜圈模型
・油炸用溫度計
・烘焙紙

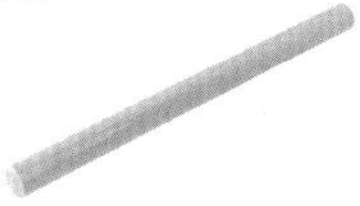

製作重點

甜甜圈好好吃喔！
買來的甜甜圈當然也很好吃，
不過還是最想吃剛炸好，熱騰騰又燙口的甜甜圈。
抓好孩子放學回來的時間，
「剛剛才炸好的喔！」可以和媽媽一起吃。
不會膩口，而且涼了味道還是不錯。
我想做的就是這樣的甜甜圈。
甜甜圈有使用酵母粉發酵的麵包類型口感，
以及使用泡打粉製作的蛋糕類型口感。
這次選擇做法簡單的蛋糕類型。
為了增加成功率，做出來會是「軟趴趴」的麵糰。
請不用擔心，按照食譜進行即可。
（軟麵糰比較不容易失敗。）
另外，撒上砂糖之前，記得要將油脂吸乾。
最後撒上的細砂糖，可以改用肉桂粉或黃豆粉，這樣也很好吃。

做法

低筋麵粉和泡打粉先混合後過篩備用。

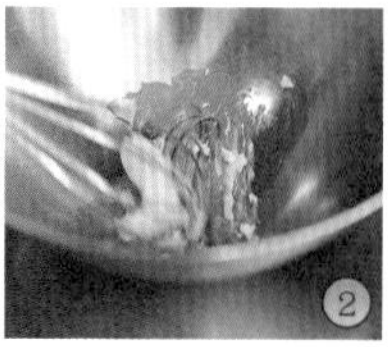

在攪拌盆裡放入常溫軟化的奶油，用打蛋器或橡皮刀攪拌開來。

加入砂糖。

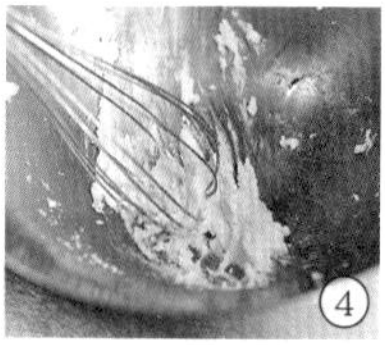

全部攪拌均勻至霜狀。如果很難打成霜狀，則將攪拌盆放進和人體溫差不多的溫水中，隔水攪拌。

加入油。

加入雞蛋。

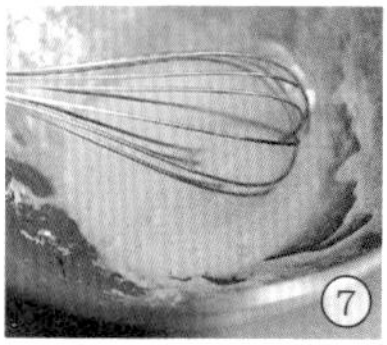

混合均勻。

加入牛奶，仔細混合均勻。

倒入過篩後的麵粉。

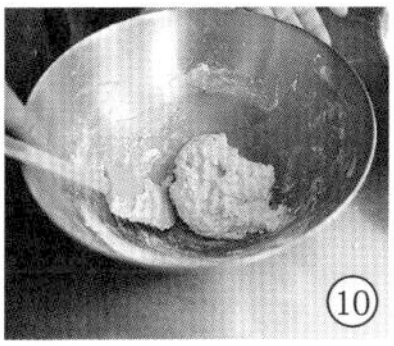

用切的方式輕輕攪拌。
等到看不見麵粉，
麵糰便完成了。

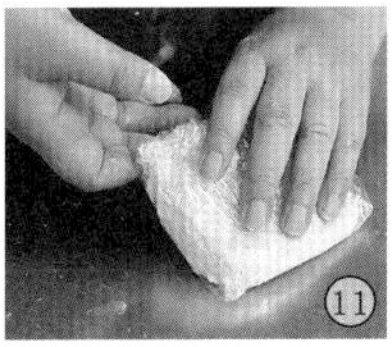

將麵糰分成兩半，用保鮮膜包起，
放入冰箱冷藏至少1小時。
等待期間可以準備接下來的步驟。

鋪好烘焙紙，撒上手粉。

放上醒好的麵糰，
上面多撒一些手粉。

擀麵棍也撒上手粉，
將麵糰擀平。

擀成16公分×16公分大小，
厚度約1公分。

甜甜圈模型也要沾粉。

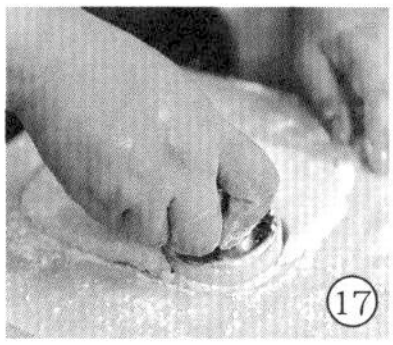

壓出形狀。
因為麵糰很軟，
所以形狀可能不太好看，但沒有關係。
剩下的麵糰收集起來
重新擀平再壓出形狀。

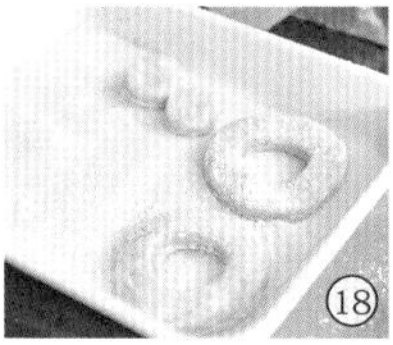

調理盤撒上手粉，
將壓出來的麵糰排好，
上面再撒一些手粉。

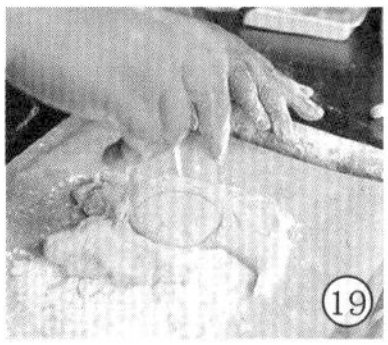

如果沒有甜甜圈模型，
可以使用杯子來壓形狀。

甜甜圈中間的洞，
則可以用寶特瓶的瓶蓋壓出來。

油加熱到165～170℃，
放入麵糰油炸約1分半。

1分半後，
下半層形狀固定了才翻面。

油炸時間全部加起來
約2分半～3分鐘。

用廚房紙巾吸取多餘油脂。

撒上細砂糖後完成。

我回來了！的筑前煮。

材料（2～3人份）

配料

- 雞腿肉　1塊（約250克）
- 雞中翅　4支
- 乾香菇　3朵
- 牛蒡　1/3根
- 蓮藕　1/2節
- 胡蘿蔔　1/2條
- 蒟蒻　1/2塊
- 真空包水煮竹筍　1小支
- 芋頭　3顆

煮汁和調味料

- 酒　80cc
- 砂糖　2大匙
- 醬油　2 1/2大匙
- 味醂　1/2大匙
- 水
- 泡開乾香菇的水　（水與泡開乾香菇的水共600cc）
- 昆布　5公分正方形1片

工具

- 內蓋

製作重點

過去由我負責料理設計的電影中，
來自北九州的主角常吃的就是筑前煮。
以當時研究出來的食譜做為基礎，
改良成做起來更簡單，下酒配飯都合適，
帶點甜甜辣辣口感的料理。
芋頭如果吸收了調味的煮汁，
就無法呈現黏滑的口感，所以不要事先汆燙。
蒟蒻用湯匙切開而不是用刀，
因為這樣斷面才會不規則，
比較容易入味。
另外，雞腿肉也可以改用火鍋常用的帶骨雞腿肉塊。
（用帶骨肉塊的話就不需要雞中翅了。）

做法

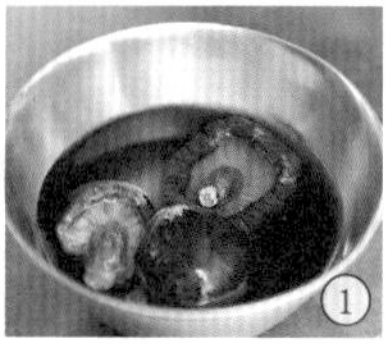

乾香菇用水泡開。

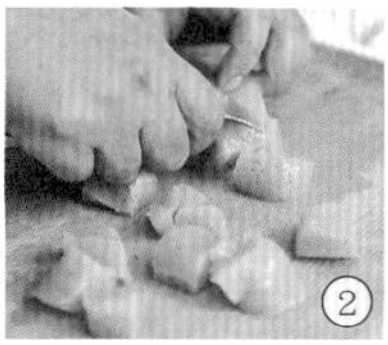

用湯匙將蒟蒻切成一口大小。

鍋子加水，放入蒟蒻汆燙，漂去浮末。

水滾後用網杓撈起瀝乾。

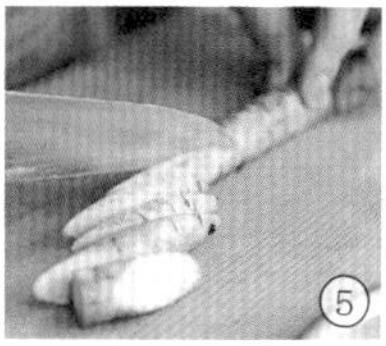

牛蒡用鬃刷清洗，斜切成段。

泡水備用。

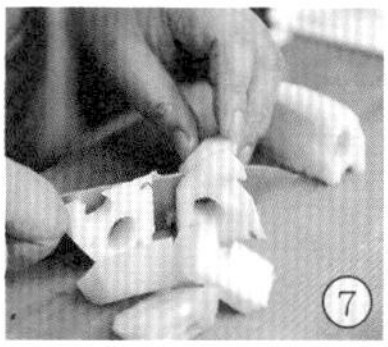

蓮藕削皮，縱剖成半，再隨意切成一口大小。

泡在加了少許醋（材料外）的水中備用。泡過醋水的蓮藕口感會變得清脆。

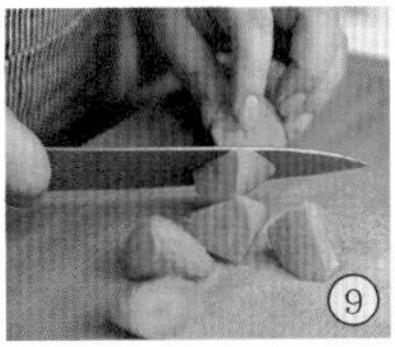

胡蘿蔔也是削皮後隨意切成一口大小。

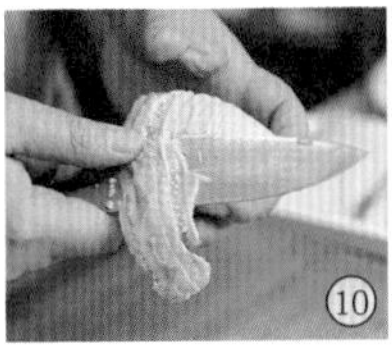

竹筍則是削去堅硬的外皮。

縱剖成半。

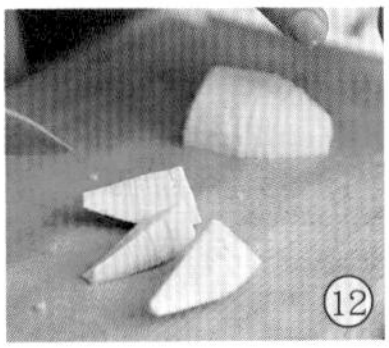

筍尖的部分切成3等份。

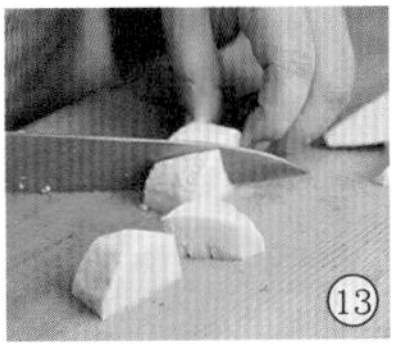

根部則切成一口大小。（如果在意真空包裝的味道，可以用熱水燙過。）

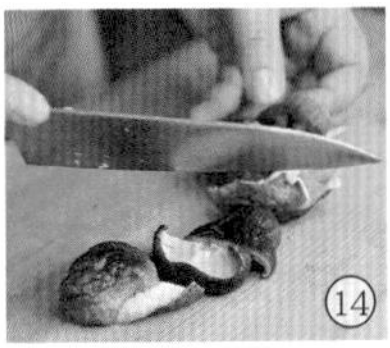

泡開的乾香菇擠壓出水分、去掉蒂頭，切成兩半。

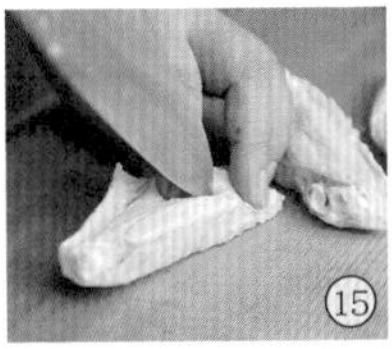

雞中翅沿著骨頭用菜刀劃開。

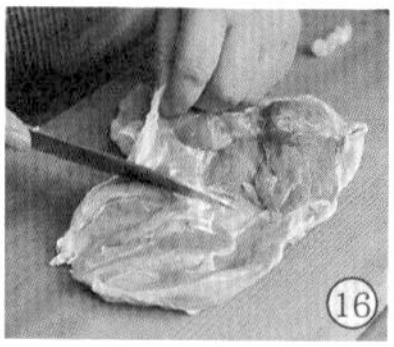

16 雞腿肉去除多餘的脂肪和血塊。

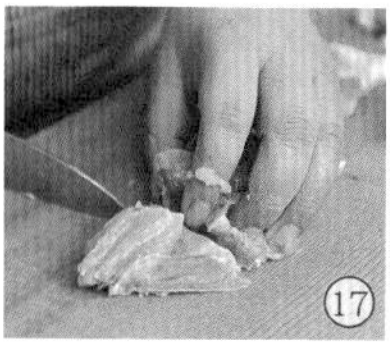

17 切成8等份。

18 以中火熱鍋，平底鍋塗上少許油（材料外），雞中翅和雞腿肉外皮朝下乾煎。

19 乾煎約5分鐘，等外皮上色後，倒入酒。

20 泡開乾香菇的水再加水稀釋後的汁液，倒入一半的量（300cc）。

21 煮滾後漂去浮末。

22 加入砂糖1大匙。

23 加入醬油1大匙。

燉煮2～3分後，把雞腿肉夾出來。

泡開乾香菇的水再加水稀釋後的汁液，剩下的一半（300cc）再倒入鍋中。

放入昆布。

放入蒟蒻、乾香菇和切好的蔬菜。（泡了醋水的蓮藕入鍋前要用水沖一下。）

蓋上內蓋燉煮10分鐘，期間要不時掀開蓋子漂去浮末。

等待的時候將芋頭削皮。

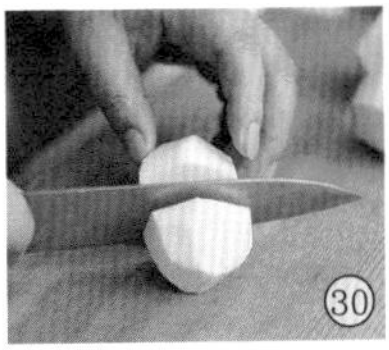

切成一口大小備用。

加入剩下的1大匙砂糖。

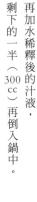

加入剩下的1½大匙醬油。

放入芋頭。

蓋上內蓋，用中火燉煮10分鐘。

10分鐘後，掀開內蓋，
將雞腿肉放回鍋中，
加入味醂½大匙。

再燉煮10分鐘，不時搖動鍋子，
等到材料呈現光澤，
芋頭煮到鬆軟之後便完成。
可依個人喜好加入水煮豌豆莢。

想吃辣的日子的麻婆豆腐。

（搭配涼拌棒棒雞）

PEPPER

材料（2人份）

麻婆豆腐的配料

- 豆腐（絹豆腐或木綿豆腐） 1塊（約300克）
- 鹽 少許
- 豬絞肉 100克
- 薑 切碎後½大匙
- 蒜頭 切碎後½大匙
- 長蔥 ⅓支
- 油 1大匙

綜合醬料

- 酒 1大匙
- 豆豉 1大匙
- 甜麵醬 ½大匙
- 醬油 ½大匙

調味料

- 豆瓣醬 ½～1大匙
- 雞高湯 250cc（＊）
- 太白粉 1大匙
- 水 太白粉的2倍
- 辣油 少許
- 花椒 少許

（＊如果不做棒棒雞，可以改用市售的高湯或水。）

雞高湯

- 帶骨雞腿肉 1塊
- 長蔥綠色的部分 少許
- 水 1,000cc

涼拌棒棒雞的配料

- 雞腿肉（煮高湯的帶骨腿肉，去骨） 1塊
- 芹菜 適量
- 白蘿蔔 適量
- 香菜 依個人喜好
- 薑 依個人喜好

棒棒雞的醬汁

- 長蔥 5公分
- 醬油 1大匙
- 雞高湯 1大匙
- 醋 1小匙
- 砂糖 少許（2、3撮）
- 芝麻粉 2大匙

製作重點

全家人今天一致都想吃點辣的料理。
想要吃那種辣到頭皮發麻、跟餐廳口味不相上下的正統辣味！
所以使出渾身解數煮出這道麻婆豆腐。
（真的會讓嘴巴麻到不行喔！）
這次使用帶骨雞腿肉熬出的雞高湯，
腿肉另外做成配菜棒棒雞。
蒜頭切碎後再用刀背拍過，
是運用製作義大利香腸以及韓國水泡菜時學到的技巧。
這樣味道不會太嗆，但又能增添香氣。
甜麵醬和豆瓣醬如果有剩，可以拿來炒絞肉，
或是豬肉水煮後沾醬用菜葉包著吃。
豆豉可以剁碎後用來炒蔬菜或是泡菜鍋。
花椒可以和辣椒粉混合後，加進熱油中做成手工辣油。

做法

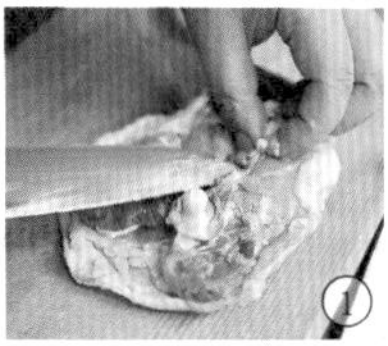

去除帶骨雞腿肉多餘的脂肪和血塊。
用菜刀沿著骨頭劃開，
以便確實清除乾淨。

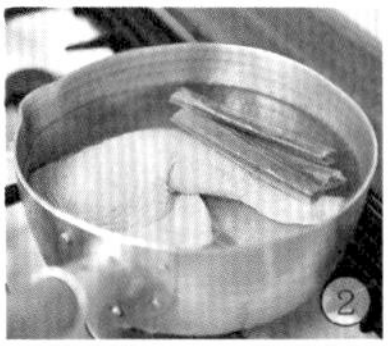

鍋內放入帶骨雞腿肉、
水和長蔥綠色的部分，
用大火從冷水煮到滾。

煮滾後轉小火，
慢慢燉煮20分鐘，
漂去浮末，
不時翻動材料，熬出高湯。
熄火後雞肉不用撈起。

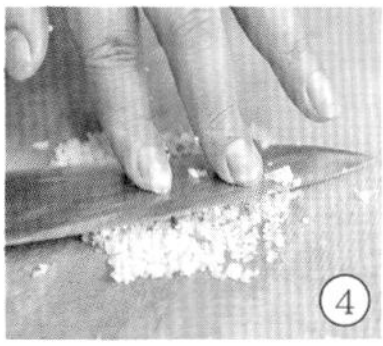

蒜頭去芯切碎，再用刀背拍過。

薑削皮切碎。
（薑不用刀背拍也沒關係。）

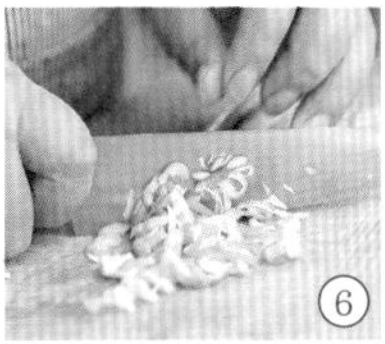

切長蔥。
縱剖成4等份，
然後斜切成片。

花椒用研磨機或是研磨缽磨碎。

豆豉切碎。

酒、豆豉、甜麵醬和醬油混合均勻成綜合醬料。

豆腐切成1.5公分大小的方塊。

汆燙豆腐用的水煮滾，加入少許鹽。

平底鍋用大火熱鍋，倒入油，放入豬絞肉。

將絞肉炒散至水分完全蒸發。如果還有油爆聲，就代表還沒炒乾。

加入蒜頭和薑爆香。

加入豆瓣醬。

全部混合均勻，仔細翻炒。

倒入綜合醬料。

再繼續炒。

倒入高湯。

汆燙豆腐。

滾2分鐘後小心地撈起瀝乾。

放入豆腐，煮滾後轉小火，燉煮2～3分鐘。

不時翻炒一下。只要朝同一方向翻炒，豆腐就不容易碎掉。

均匀淋上太白粉水。
（稠度依個人喜好增減。）

全部翻炒均匀。

煮滾勾芡後，放入長蔥。

稍微翻炒一下便完成。
裝盤後灑上辣油或磨碎的花椒。

做法（涼拌棒棒雞）

長蔥縱剖後切成小段，再切碎。

所有的調味料混合均匀。

芹菜去掉硬莖，白蘿蔔削皮，
分別切成5公分長的細絲。
擺上放涼切成1公分寬的雞腿肉，
淋上醬汁後完成。
依個人喜好撒上香菜後便可食用。

在朋友家過夜的玉米濃湯。

（還有雞肉沙拉）

材料（2～3人份）

玉米濃湯

・雞高湯　250cc（雞尖翅4支＋水500cc熬製）
・冷凍玉米粒　250克
・牛奶　125cc
・奶油　少許
・鹽　½小匙＋少許
・胡椒　少許
・鮮奶油　適量

雞肉沙拉

・熬完雞高湯的雞尖翅
・高麗菜　200克（約¼顆）
・蒔蘿　2支
・洋蔥　⅛顆
・橄欖油　2大匙
・酒醋　1大匙
・鹽　½小匙
・胡椒　少許

工具

・果汁機
・打蛋器

製作重點

住在附近的朋友。一個已經在工作，一個還是學生。
放假前一天到朋友家過夜吧！
設定成兩人聚在一起聊到深夜，隔天起床吃早午餐。
熬煮高湯的雞肉可以拿來做成雞肉沙拉，真是一舉兩得。
食譜上雖然是使用市售的冷凍玉米粒，
不過在玉米當季時多買一點，刮下玉米粒冷凍起來也很方便。
蠶豆、毛豆，甚至南瓜都可以這樣處理，保存美味。
如果不自己熬高湯，而是使用市售的濃湯粉末，
因為原本就含鹽，因此在加鹽的時候，
請記得先嘗嘗味道再調整。

做法（玉米濃湯）

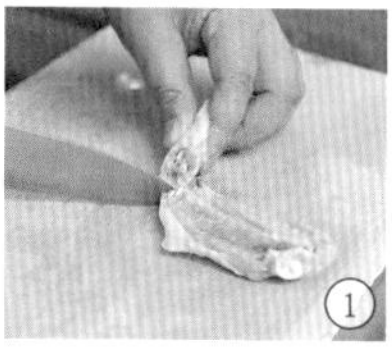

雞尖翅從關節的地方切成2段。

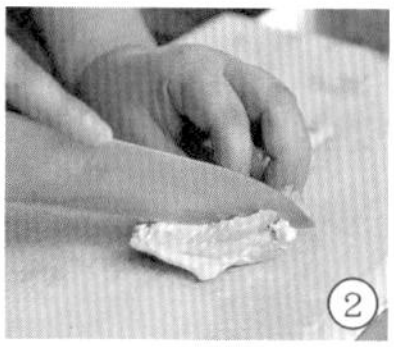

沿著骨頭確實把肉劃開。

放入鍋中，加水，開中火。水滾後漂去浮末，轉小火，煮15～20分鐘。

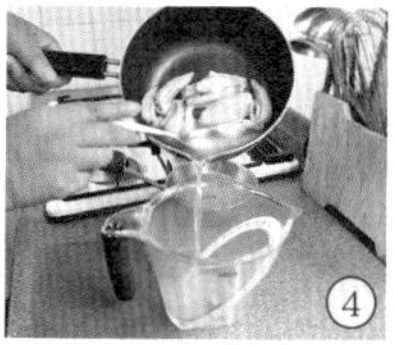

這樣熬出來就是雞高湯。把雞肉從湯裡撈起。250cc的高湯用於玉米濃湯，雞肉則拿來做雞肉沙拉。

鍋中加入雞高湯和冷凍玉米粒，開中火。

煮滾後轉小火，蓋上鍋蓋燉煮1分鐘。

撈出玉米粒放進果汁機。

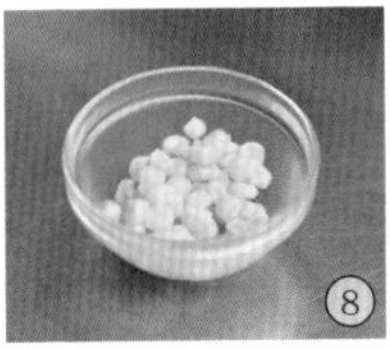

想讓濃湯比較有口感的話，
大概保留50克左右的玉米粒即可。

啟動果汁機。
不時按停，
把顆粒刮下來混合均勻。
等到打成霜狀……

慢慢倒入雞高湯，
啟動果汁機，
打到全部變得滑順。

倒回鍋中，加入牛奶，開中火，
一邊加熱一邊攪拌。

加入鹽½小匙和胡椒。

煮滾前熄火，加入奶油。

盛裝前加入剛剛保留的玉米粒。
嘗嘗味道，太淡的話再加點鹽。

盛入碗裡，淋上一點鮮奶油，完成。

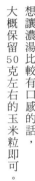

做法（雞肉沙拉）

將高麗菜的芯和葉分開，
葉子切成稍粗條狀。

菜芯斜片切薄。

洋蔥切片後剁碎。

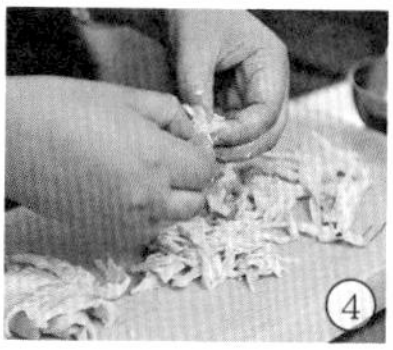

熬完雞高湯的雞肉，
將骨頭、雞皮和雞肉分開。
雞肉用手撕成條狀。
（雞皮淋上椪醋可當成小菜。）

調製沙拉醬。
大攪拌盆內加入酒醋和鹽，
用打蛋器攪拌。

鹽溶解後，
慢慢加入橄欖油，
一邊攪拌均勻。

乳化後放入洋蔥。

放入雞肉，用筷子拌勻。

撒上胡椒。

放入高麗菜，用手混合。

蒔蘿撕碎後撒上，
再用手混合後完成。

大胃王男生的絞肉煎蛋捲。

材料（2人份）

配料

- 絞肉（豬牛混合） 80克
- 洋蔥 1/4顆
- 鹽 1/3小匙
- 胡椒 少許
- 中濃醋沾醬 1/2大匙

（譯註：中濃醋沾醬是搭配可樂餅、炸薯條、燴牛肉等料理的沾醬，有市售品。）

蛋液

- 雞蛋 4顆
- 牛奶 3大匙
- 鹽 2小撮×2
- 胡椒 少許

一次用半份，分成2次煎好。

其他

- 油 適量
- 奶油 10克+少許
- 蕃茄醬 適量

製作重點

放學回來餓扁了的小學男生，
可以搭配大碗白飯吃得津津有味的煎蛋捲。
如果擔心雞蛋和絞肉無法融合，
只要在放上炒好的絞肉時，將平底鍋從爐上移開，
就能保持蛋皮半熟的狀態，不需要手忙腳亂。
絞肉的部分，除了豬牛絞肉，也可以用雞絞肉。
水煮馬鈴薯切塊，或是水煮菠菜剁碎，
可以多方嘗試放入各種不同的素材。
蕃茄醬可以改用其他沾醬或醬油。

做法

① 準備配料。
首先切碎洋蔥。

② 平底鍋用中火熱鍋但不倒油，
放入絞肉。

③ 炒散絞肉，用大火快炒。
炒出太多油脂的話，用廚房紙巾吸掉。

④ 絞肉炒熟炒散後，
放入洋蔥，再次快炒。

⑤ 加入鹽和胡椒。

⑥ 加入中濃醋沾醬混合均勻。

⑦ 盛入攪拌盆備用。
馬上清洗平底鍋。

用另一個攪拌盆準備煎蛋捲的蛋液。一次使用2顆蛋和一半的調味料。在攪拌盆內打入2顆蛋。

加入牛奶（1½大匙）、2小撮鹽和胡椒。

攪拌均勻。如果不太在意份量要精確的話，可以一次製作2人份的蛋液，然後分2次煎好。

平底鍋用中火確實熱鍋，倒入少許油。

在鍋中融化5克的奶油。

奶油融了之後，一口氣將蛋液倒入。

趁勢用細竹筷攪拌。

等到半熟時，在鍋邊塗抹上一層奶油。

平底鍋離火，鋪上半份炒好的絞肉。

隨即從遠離鍋柄的那端捲進1/3的蛋皮。

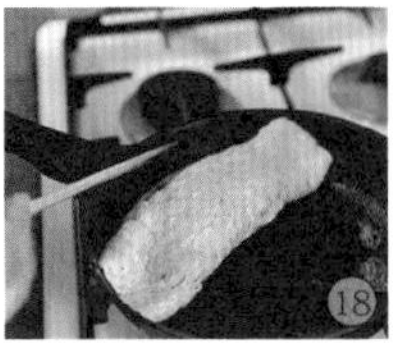

往鍋柄的方向再捲一次，就成了三折的煎蛋捲。這樣1人份的煎蛋捲就完成了。

盛盤後擠上一些蕃茄醬。

煎蛋捲

高野文子

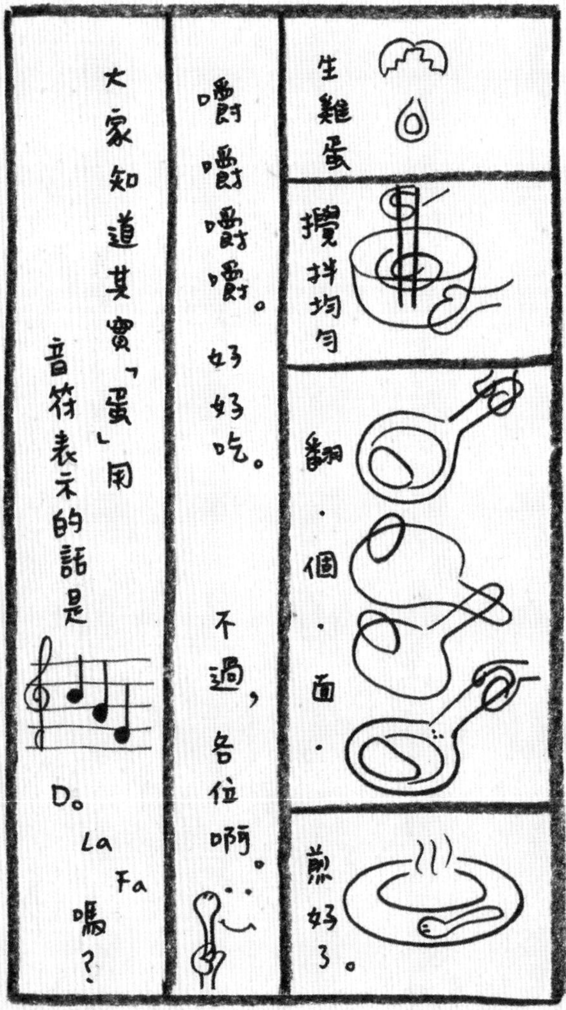

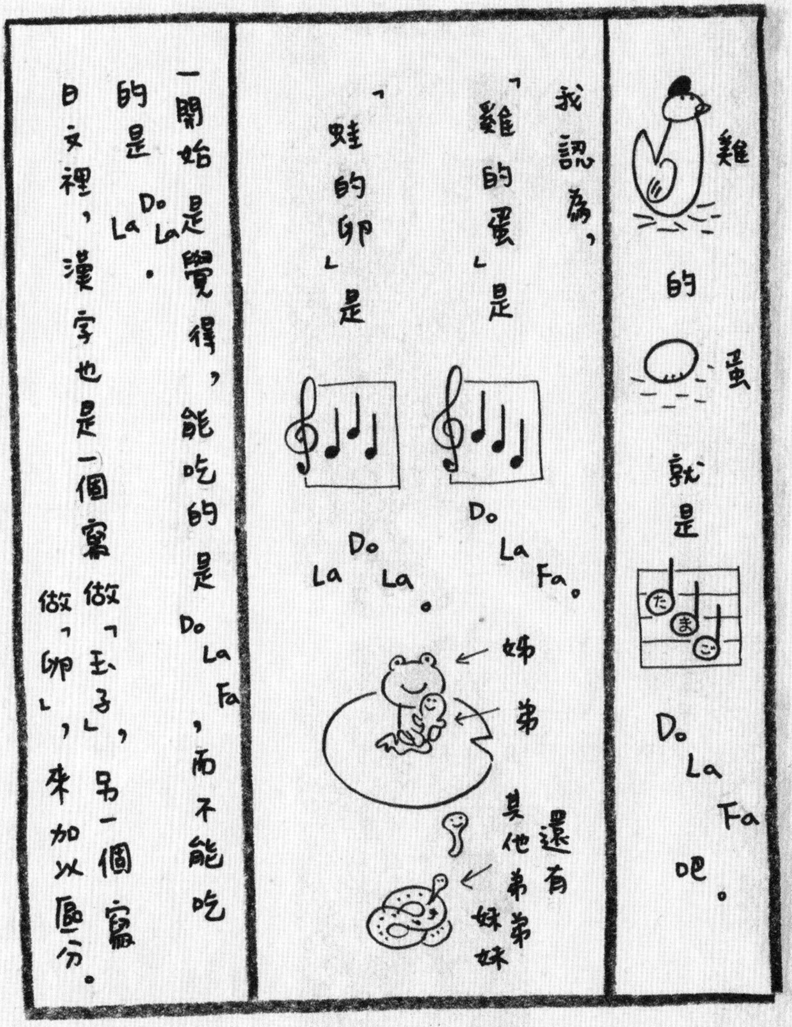
雞的蛋就是
たまご
Do La Fa吧。
我認為，「雞的蛋」是
Do La Fa。
「蛙的卵」是
La Do La。
姊
弟
還有其他弟弟妹妹
一開始是覺得，能吃的是Do La Fa，而不能吃的是La Do La。
日文裡，漢字也是一個寫做「玉子」，另一個寫做「卵」，來加以區分。

可是呢，仔細回想一下，很久很久以前，雞的蛋我也是唸成Do La La的。

像是這樣

（昭和40年〔1965年〕的新潟）

是長大以後才改變的嗎？、

到朋友家玩。中午吃義大利麵。奶油培根醬好好吃喔。

關東煮的鍋子是四方形的，可以裝好多東西，真厲害。先從自己認得的東西開始吃。

原來如此啊。因為在外面常常可以看到，所以慢慢改變了啊。

青蛙和螳螂不常在日常生活中出現，
所以沒變。

不過，現在要統一發音也太晚了。
因為，如果把青蛙唸成D。La Fa，

感覺好像是可以放在小碗的小菜一樣。
「啊，到了這個時節了啊。」
旁邊還擺了蒲公英的小花裝飾。

原本應該是要聊好吃的煎蛋捲的啊……真是不好意思。

伴手禮的檸檬派。

材料（1整盤）

派皮

- 低筋麵粉　150克＋手粉適量
- 無鹽奶油　80克
- 細砂糖　2 ½大匙（30克）
- 牛奶或水　2 ½大匙
- 鹽　⅓小匙

檸檬餡料

- 蛋黃　3顆
- 細砂糖　120克
- 玉米粉　35克
- 水　280cc
- 檸檬汁　6大匙（檸檬2～3顆）
- 無鹽奶油　30克

鮮奶油

- 鮮奶油　200克
- 細砂糖　1大匙

裝飾

- 薄荷葉　適量

其他

- 冰水　適量

工具

- 篩子
- 刮板
- 擀麵棍
- 派皮模型（直徑20公分）
- 榨汁器
- 琺瑯或不鏽鋼湯鍋
- 濾茶網
- 重石
- 烘焙紙

製作重點

在朋友家的小小聚會，
總要帶點伴手禮，
於是準備了這個檸檬派。
我這個人呢，如果是起司蛋糕，
起司味一定要很重才覺得好吃。
檸檬派也一樣，喜歡酸得不得了的口感，
所以做出來的是強調酸味的派。
搞不好這已經成了我個人的癖好，
是吃起來非常成熟的大人風味。
檸檬餡料因為已經用了雞蛋和奶油，
所以派皮就沒加雞蛋，奶油也用得不多。
裝飾用的薄荷葉如果還有剩，
可以直接沖熱水，或是加入紅茶裡，
泡成薄荷茶。
也可以撒在加了魚露炒的南洋風味菜上。

做法

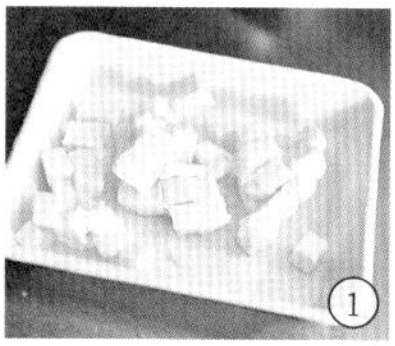

1. 奶油切成1公分的方塊，放進冰箱冷藏備用。

2. 低筋麵粉過篩。

3. 細砂糖加入鹽，用刮板稍微混合。

4. 放入奶油。

5. 用刮板把奶油切碎。（不要攪拌。）小心不要讓奶油融化。

6. 在手掌上鋪平弄得更碎。

7. 中間稍微弄一個凹槽。

加入牛奶。

再用手混合。

麵糰揉合好之後，整成圓形。

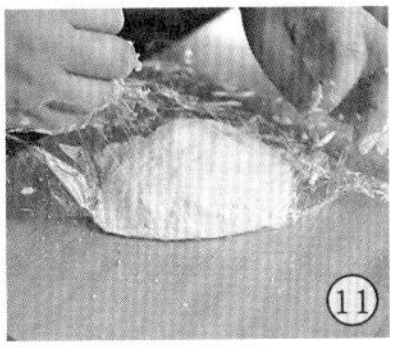

整形好用保鮮膜包起，
放入冰箱冷藏至少1小時。

鋪好烘焙紙，撒上手粉。
放上麵糰，上面也撒一些手粉。

使用擀麵棍擀成圓形。

擀到比派皮模型稍大一圈後，
將派皮模型倒扣在上面。

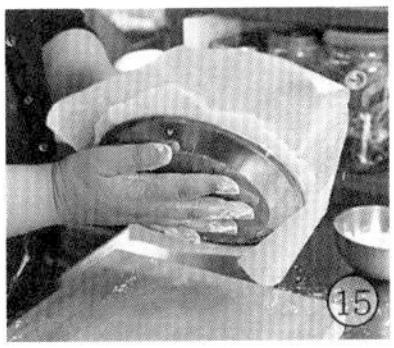

整個翻過來。

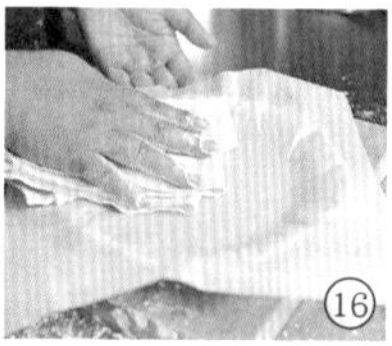

避免手的溫度影響派皮，用紗布隔著將派皮壓進模型中。

拿掉烘焙紙。

用叉子的反面在模型邊緣的派皮上緊密壓出花紋。

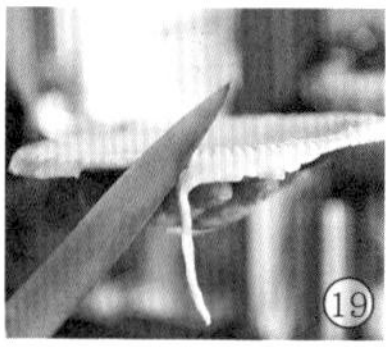

跑出模型的派皮用刀子削掉。

派皮底部用叉子戳洞。

用保鮮膜包起，放入冰箱冷藏1小時。

製作檸檬餡料。首先擠出檸檬汁。

過濾。

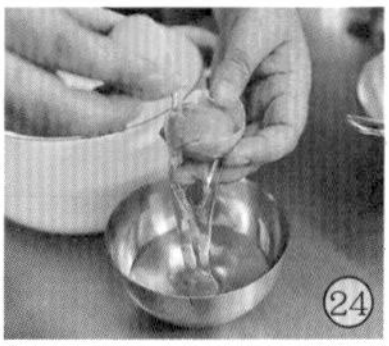

打蛋，將蛋黃和蛋白分開。

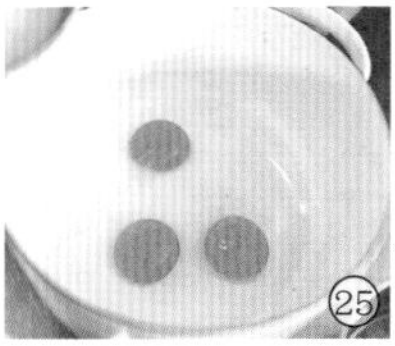

蛋黃放入鍋中。
（使用琺瑯或不鏽鋼的鍋子。
如果使用鋁鍋的話餡料會變黑。）

加入細砂糖。

仔細混合均勻。

全部融合後，
用濾茶網將玉米粉過篩加入，
攪拌均勻。

一邊加水一邊攪拌。

攪拌完成後，
用稍弱的中火加熱，
以耐熱橡皮刀繼續攪拌。

煮滾之前離火，
快速攪拌混合。

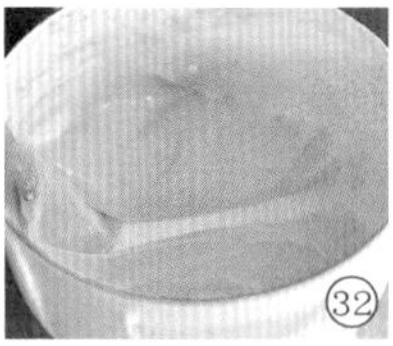

重複加熱、煮滾前離火、快速攪拌的步驟，直到餡料變成滑順的霜狀。（在鍋底劃上一道，將餡料分開之後，餡料會緩緩再度流回原位。）

離火加入奶油。

檸檬汁分幾次加入，攪拌均勻。

倒入調理盤，大致放涼後用保鮮膜包起。

冷藏備用的派皮鋪上烘焙紙，壓上重石。

以180℃預熱的烤箱烤20分鐘。

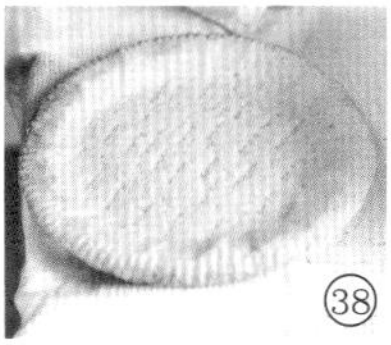

拿掉重石，繼續用180℃再烤10～15分鐘。

烤好後置於網架上放涼。

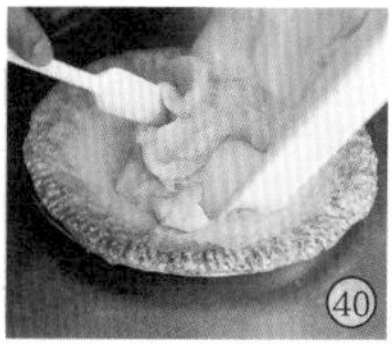

將檸檬餡料倒在派皮上。

用保鮮膜包起，放進冰箱冷藏。

攪拌盆倒入鮮奶油和細砂糖，底部泡冰水，打發到約八分的程度。

在冷藏好的派上抹上鮮奶油，遮住檸檬餡料，再放進冰箱冷藏一會兒便完成。

切好之後用薄荷葉裝飾即可享用。

在家喝酒聚會！的春捲。

材料（10個份）

春捲和配料

- 春捲皮 10張
- 豬肉片（里肌或腿肉） 150克
- 高麗菜 100克（約2片葉子）
- 豆芽菜 50克
- 長蔥 10公分
- 真空包水煮竹筍 50克
- 乾香菇 2朵
- 薑 剁碎½大匙

配料用調味料和油

- 酒 1大匙
- 鹽 ½小匙
- 胡椒 少許
- 醬油 ½大匙
- 泡開乾香菇的水 1大匙
- 太白粉 1大匙
- 麻油 ½大匙
- 炸油 適量

黏料

- 水 ½大匙
- 低筋麵粉 1大匙

餐桌用調味料

- 辣椒
- 醋
- 醬油
- 山椒粉
- 鹽

依個人喜好

工具

- 油炸用溫度計

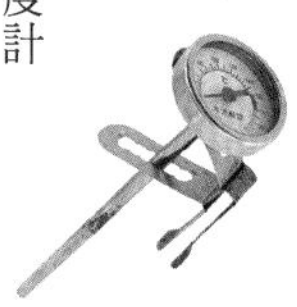

製作重點

爸爸打高爾夫球回來，還帶了公司的同事。即使在倉促之間，也希望端出好菜的媽媽，準備包了滿滿高麗菜的手作春捲。

配料不用炒、不用放涼，直接生菜包起來，是一道非常容易的料理。

重點在於確實油炸。

如果一下子弄焦了，會變成只有外皮酥脆，裡面的春捲皮還是白的，所以要小心。

配料的部分，乾香菇可以用生香菇代替，豬肉可以改用扇貝或是剁碎的蝦子，依照季節放一點毛豆也不錯。

做法

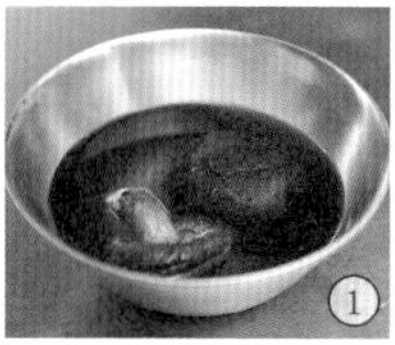

乾香菇用水泡開。
泡香菇的水等一下也會用到。

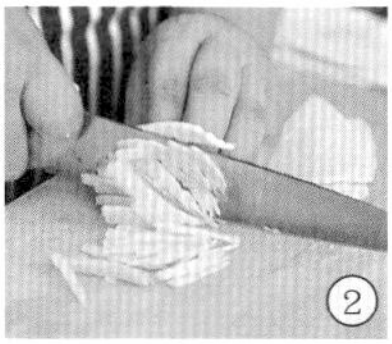

竹筍切絲。

如果在意真空包裝的味道，
可以用熱水燙過，然後瀝乾。

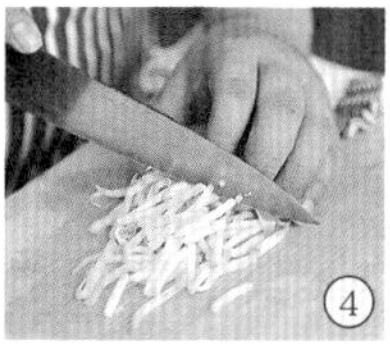

豆芽菜一整把切成兩段。

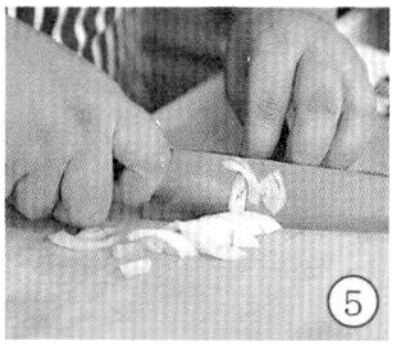

長蔥縱剖成半，
斜切成5公釐片狀。

高麗菜把葉和芯分開，
菜葉切成約3公分寬的條狀，
再切成較粗的細絲，
大概3～5公釐左右。

葉芯先削成薄片。

再切成較粗的細絲。

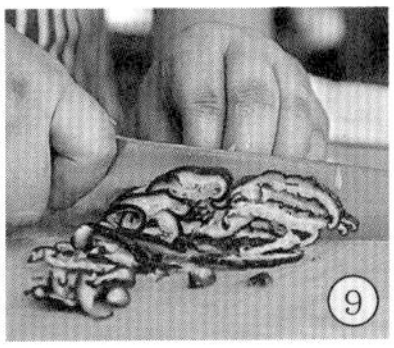

泡開的香菇瀝乾後除去蒂頭切絲。

薑削皮剁碎。

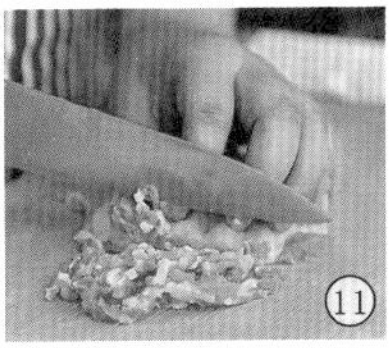

豬肉切成3～5公釐的細條。

攪拌盆內放入豬肉，
加入鹽、酒、$\frac{1}{2}$大匙太白粉。

加入醬油、泡香菇的水、薑和胡椒。

用手大概混合，
全部都混合到就可以了。

倒入切好的菜絲
和剩下$\frac{1}{2}$大匙太白粉，
淋上麻油，
全部混合均勻，
配料就完成了。

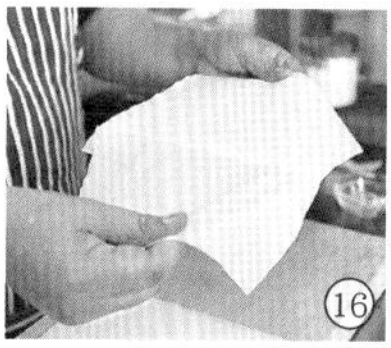

準備春捲皮。
一張張撕開，光滑面朝下疊起。

製作黏開口的黏料。
低筋麵粉加水攪拌均勻。

配料分成10份，
1份配1張春捲皮。
春捲皮的其中一角朝自己擺放，
然後放上配料。

拿起靠自己的那角包住配料。

左右往內折。

接下來就是輕輕地一直捲過去。

捲到最後在一角塗上黏料固定春捲。
其他9個春捲也如法炮製。

用加熱到150～160℃的油來炸，
大約10分鐘，
記得不時翻面。

因為會浮在油面上，
所以要動手把油淋到表面，確實炸熟。

大概10分鐘就會呈現金黃色。
這時開到大火，
讓表皮變得酥脆，
完成。

調理盤放上網架或是鋪上廚房紙巾
來瀝油。

直接整條吃，
或是切成2段吃都可以。
雖然單吃就很有味道，
不過也可以依個人喜好
蘸醬油、醋或辣椒來吃。

整鍋端去作客的東坡肉。

材料（6人份）

配料

- 豬五花肉塊　約1公斤
- 雞蛋　6顆

煮汁

- 水　1,000cc＋適量
- 燒酎或清酒　300cc
- 砂糖　4大匙
- 醬油　4大匙

其他

- 辣椒　依個人喜好
- 熱水　適量

工具

- 烘焙紙（或內蓋）

製作重點

要好的鄰居有小小的喜事（譬如裝修改建之類）。
邀請我們過去玩，附近人家都會去的聚會。
如果直接端一鍋這樣的料理過去，應該大家都會喜歡吧！
重點是肉要先煎過。
排出多餘的油脂，又能鎖住鮮味。
煮肉的鍋子，
盡量使用可以讓肉全部在鍋底鋪平（或是擺兩層）的大小，
跟平常燉肉一樣的煮法就可以了。
雖然是很花時間的一道料理，不過一次可以煮很大量。
要吃的時候用小火確實加熱即可。
吃拉麵可以搭幾塊，
或是配上馬鈴薯和洋蔥做成「馬鈴薯燉肉」。

做法

豬五花肉切成5～6大塊。

用深一點的平底鍋，不倒油，豬五花的脂肪朝下，中火乾煎約5分鐘。
另外用一口鍋煮滾待會要使用的熱水。

出油的話用廚房紙巾吸掉。

翻面，
每一塊肉剩餘的三個面都煎到出現微焦色。
一面大約煎2分鐘。

脂肪朝下，倒入熱水，
直到肉塊吸滿水分。
深的平底鍋可以直接繼續燉煮，
不然也可以移到湯鍋再煮。

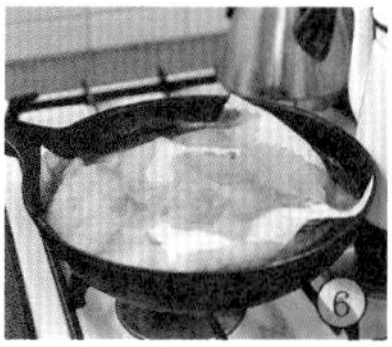

蓋上內蓋，或是鋪上烘焙紙，
燉煮20分鐘。

撈起瀝乾，
放進攪拌盆用水沖洗。
換水清洗第二次。

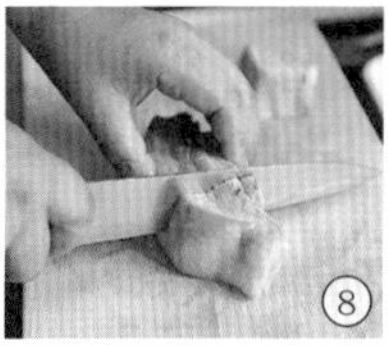

吸乾豬五花的水分，
切約3公分的塊狀。

鍋內加入水和燒酎，
放入肉塊，開中火。

煮滾後漂去浮末。

蓋上內蓋，或是鋪上戳了洞的烘焙紙，
保持微微煮滾的狀態
燉煮約1小時半，
煮到肉質變軟。

水要蓋過肉塊，
不夠的話再加水。
記得要不時撈除油脂。

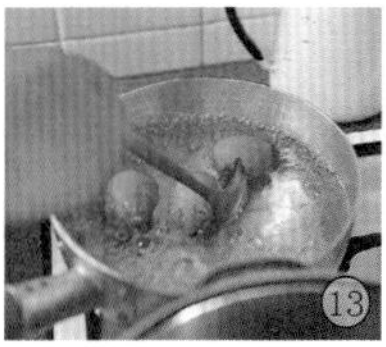

製作水煮蛋。
鍋內水煮滾，
輕輕放入常溫的雞蛋。
水煮10分鐘後撈起。

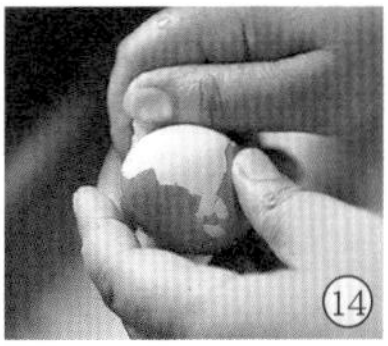

水煮蛋剝殼備用。

1小時半到了。
再加水到約略蓋過肉塊的高度。

煮滾後加入砂糖，
再煮5分鐘。

加入醬油。

放入水煮蛋。

蓋上內蓋，或是鋪上戳了洞的烘焙紙。

以小火燉煮20分鐘，
熄火後放置一會兒入味。
（去除放涼後凝固的脂肪，
口感會變得較為清爽。）

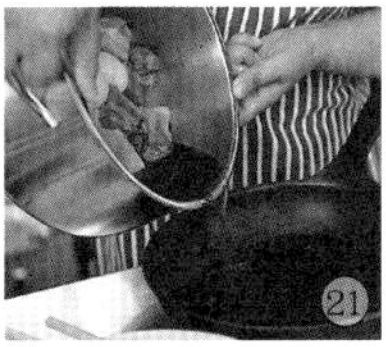

上桌之前，
用小火將整鍋肉確實加熱，
把煮汁倒進另一個鍋裡。
裝肉的鍋子加蓋保溫。

煮汁稍微煮稠一些，就成了醬汁。

裝盤，淋上煮稠的醬汁，完成。
可以搭配辣椒食用。

鄰居名人的大阪燒。

大阪燒

材料（3份）

- 低筋麵粉　100克
- 泡打粉　1/2小匙（依個人喜好）
- 鹽　2/3小匙
- 柴魚粉　1小匙

（沒有柴魚粉的話，柴魚片用保鮮膜包起，微波加熱1分鐘，然後用手弄碎。）

- 昆布高湯　90cc（＊1）
- 大和芋　10克（＊2）
- 味醂　1/2小匙
- 豬五花肉片　9片
- 高麗菜　400克（約1/2顆）
- 炸麵衣　3大匙
- 乾櫻花蝦　1 1/2大匙
- 紅薑（切碎）　1 1/2大匙
- 雞蛋　3顆

（＊1 參照第11頁「高湯的製作方法」。）

（＊2 如果使用的不是「大和芋」，而是較沒有黏性的「長芋」，則是昆布高湯80cc，長芋20克。如果完全不用山藥，昆布高湯要使用100cc。）

醬料
—— 大阪燒醬料 適量

辣美乃滋
—— 美乃滋 2大匙
牛奶 1/2～1大匙
辣椒粉 1/2小匙
（以上）混合使用

提味
—— 柴魚片
海苔粉
（以上）適量

工具
鐵板
鏟子

製作重點

怎樣的大阪燒才好吃呢？每個人的答案都不一樣，
所以很難有個定論。
這次的主題設定成「從鄰居名人那兒學來，我家的拿手菜」。
為此我特別請教真正的名人，
也走訪許多名店，才完成這道食譜。
用於增加麵糊黏性的山藥，因為大和芋跟長芋的黏度與含水量不同，
所以搭配的高湯份量也不一樣。
料理時如果需要大和芋跟長芋磨成的山藥泥，
可以先磨好分成小包裝，冷凍起來備用就很方便。
如果完全不用山藥，口感會比較酥脆，高湯就要更多一點。
低筋麵粉加一點泡打粉，讓大阪燒吃起來更為鬆軟。
重點在於麵糊和高麗菜以及雞蛋混合時，
要輕輕地將空氣也拌進去。
還有就是在煎大阪燒的時候不要壓麵糊，才會蓬鬆飽滿。
可以用加鹽的炒麵代替放在麵糊上的豬肉片，
然後在平底鍋打個蛋，輕輕將蛋黃戳破，
炒麵那一面翻過來放到蛋上，這樣就成了「摩登燒」。

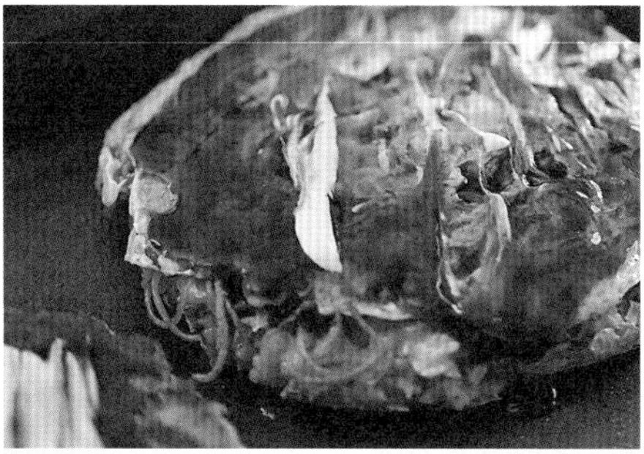

做法

大和芋磨泥。

攪拌盆中加入低筋麵粉。
如果想要煎出來比較蓬鬆，
可以加入泡打粉。

加入鹽和柴魚粉，
使用打蛋器混合，
讓低筋麵粉不結塊。

加入高湯、山藥泥、味醂。

全部混合均勻，
用保鮮膜包起，
放入冰箱醒麵，
冷藏30分鐘。
這是3塊大阪燒麵糊的份量。

高麗菜切成較粗的細絲，
然後剁碎。
菜芯的部分也如法炮製。

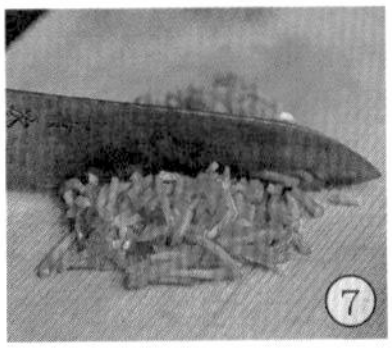

紅薑切碎。

8 切豬肉。9片中的6片切成兩半，這是放在大阪燒上面的料。另外3片切成1公分寬的條狀，之後與麵糊混合。

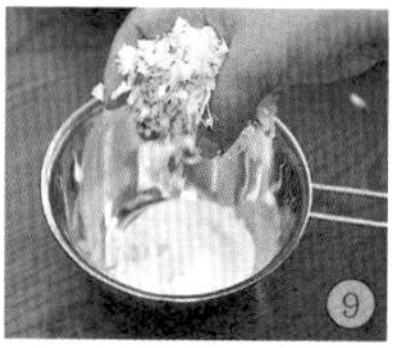

9 從冰箱取出麵糊，將$1/3$的份量倒進攪拌盆。切好的高麗菜也將$1/3$的份量倒進同一個攪拌盆。

10 打1個蛋進去。加入約1大匙的炸麵衣。

11 加入撕碎的乾櫻花蝦$1/2$大匙、紅薑$1/2$大匙和$1/3$份量的切條豬肉。

12 像是要拌入空氣似地，從下往上翻起混合。

13 鐵板用中溫加熱，抹油。（使用平底鍋則是較弱的中火。）

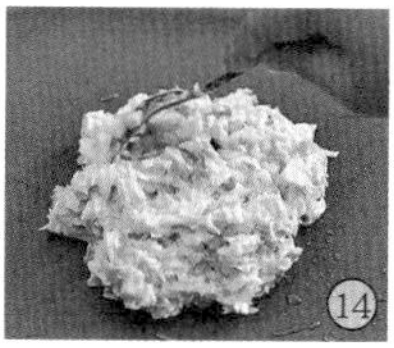

14 麵糊在鐵板上整成蓬鬆的圓形。（目測約直徑15公分。）

15 放上豬肉片。煎烤約4分鐘。接下來每一面要分別煎2次。

翻面，
豬肉片那一面煎烤約4分鐘。
如果豬肉片出油太多，
則用廚房紙巾吸掉。

再次翻面，
煎烤約2分鐘。

然後再翻面，
煎烤約2分鐘後完成。

在豬肉片上塗抹醬料。
依個人喜好塗抹辣美乃滋，
然後撒上柴魚片。
再撒上海苔粉後，
切成自己喜歡的大小食用。

蕃茄義大利麵和
奶油培根義大利麵的派對。

材料（各2人份）

蕃茄醬

- 橄欖油　2大匙（料理用）＋少許（調味用）
- 蒜頭　1瓣
- 洋蔥　1/6顆
- 罐裝整顆蕃茄　1罐（400克）
- 羅勒　1支
- 鹽　1/4小匙
- 帕瑪森起司　依個人喜好

義大利麵

- 義大利麵　1人份80～100克×2
（這次使用1.6公釐粗，9分鐘可以煮透的種類）
- 鹽　約佔煮麵水量的1％（水1,000cc約2小匙）

奶油培根醬

・橄欖油　½大匙
・蒜頭　½瓣（不用也可）
・培根　塊狀100克
・白酒　2大匙
・雞蛋　全蛋2顆＋蛋黃1顆
・帕瑪森起司　3～4大匙＋依個人喜好
・煮麵水　1～2大匙
・黑胡椒　少許

義大利麵

・義大利麵　1人份80～100克×2
（這次使用1.6公釐粗，9分鐘可以煮透的種類）
・鹽　約佔煮麵水量的1％（水1,000cc約2小匙）

工具

・起司研磨器

製作重點

剛出社會1、2年的男生們，
想要招待女生們拿手的義大利麵。
很確定自己要煮什麼的男生們，想做得跟派對一樣豐盛。
而且打算一口氣煮2種口味的麵！
雖然簡單但是美味，看起來也十分豪華，
這就是我所構想的背景設定。
蕃茄醬的部分，因為使用罐裝整顆蕃茄，
製作出的份量是2人份的兩倍。
剩下的一半醬料可以製作吐司披薩，或是淋在煎蛋捲上。
奶油培根義大利麵在加入蛋液的時候，
如果鍋子還在爐火上直接倒下去，蛋液會馬上凝固。
所以重點是鍋子離火放到濕紗布上再攪拌混合。
另外，奶油培根義大利麵的味道比較濃厚，
煎培根時可以放入小蕃茄一起炒，增加酸味。
吃到一半覺得有點膩了，可以加入檸檬汁，
或是削一點檸檬皮放進去，又是另一種不同的口感與美味。

做法（蕃茄義大利麵）

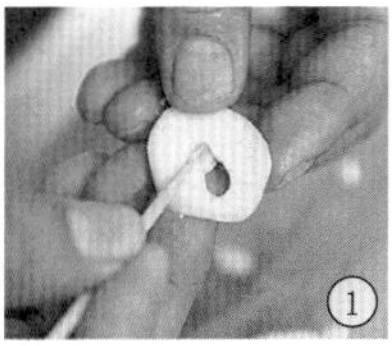

首先將水煮滾。
期間將蒜頭切片去芯。

洋蔥剁碎。

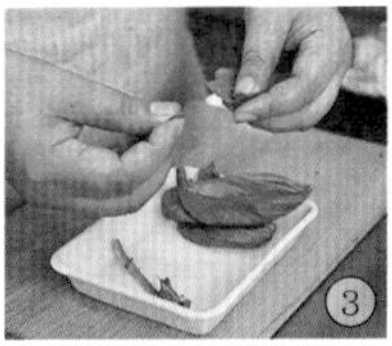

羅勒葉和莖分開。

平底鍋先放入橄欖油和蒜頭，
然後開小火，
煎到微微著色。

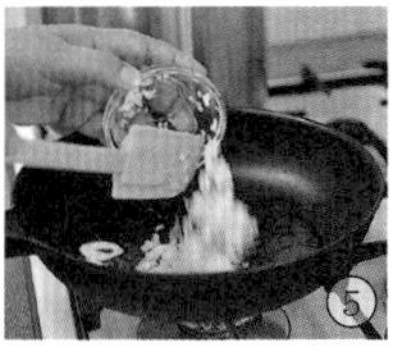

放入洋蔥。

洋蔥炒熟後，
放入羅勒的莖。

鍋裡的水煮滾後，
加入鹽，開始煮義大利麵。
因為最後還要再度加熱，
所以9分鐘會煮透的麵，
大約7分半就要先撈起來。
可以使用計時器。

平底鍋放入罐裝整顆蕃茄，
快速混合後加鹽。
用中火煮４～５分鐘。

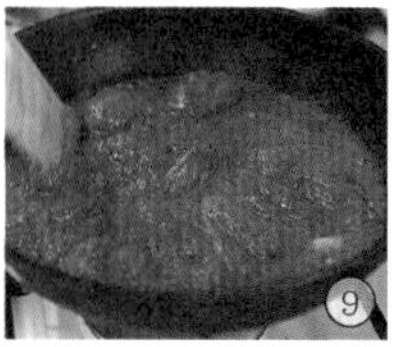

義大利麵煮好前１分鐘，
把蕃茄壓碎。
這樣可以讓醬料兼具煮透的甘甜
與壓碎的清爽。

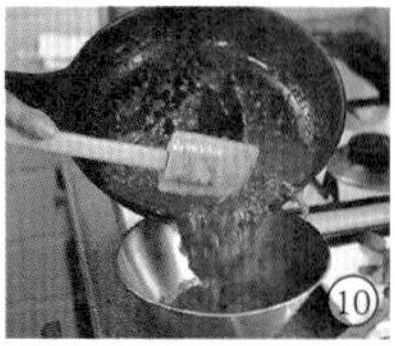

因為醬料煮的是２人份的兩倍，
所以要倒一半起來。
（多的可以用於製作吐司披薩等料理。）

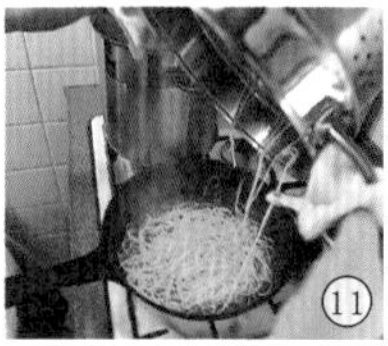

瀝乾煮得較硬的義大利麵，
放入平底鍋中。
（煮麵水可以留一點起來。）

一邊加熱一邊攪拌混合。
嘗嘗味道，太淡的話
可以加入煮麵水和鹽（材料外）調味。

熄火，
加入少許橄欖油，
快速混合。

裝盤，
撒上撕碎的羅勒葉。
（因為怕鐵鏽所以用手撕。）
依個人喜好撒上帕瑪森起司。

做法（奶油培根義大利麵）

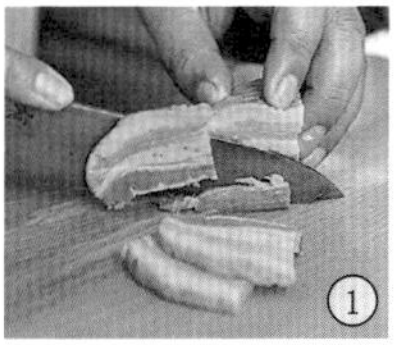

首先將水煮滾。
期間將培根切成5公釐厚片。

然後再切成5公釐細條。

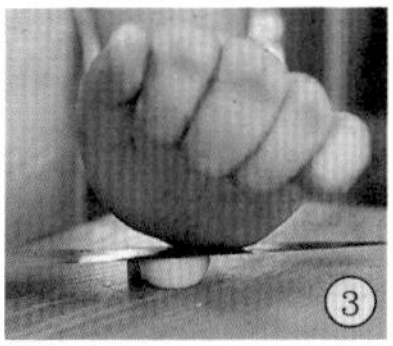

蒜頭用菜刀壓碎。

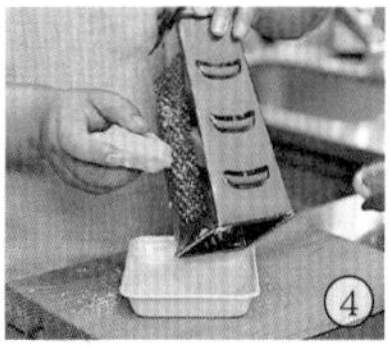

帕瑪森起司磨碎。
（或直接用起司粉也可以。）

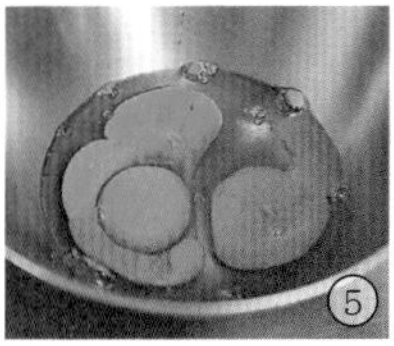

攪拌盆內打入全蛋2顆和蛋黃1顆。

加入磨碎的帕瑪森起司粉和黑胡椒，
與蛋混合。

鍋裡的水煮滾後，
加入鹽，開始煮義大利麵。
因為最後還要再度加熱，
所以9分鐘會煮透的麵，
大約7分半就要先撈起來。
可以使用計時器。

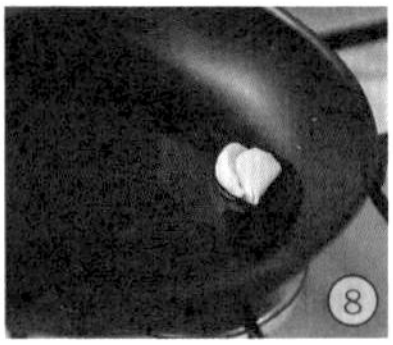

平底鍋先放入橄欖油和蒜頭，
然後開小火。

煎出蒜頭的香味後，
放入培根，
將蒜頭取出。

煎培根，
出油後加入白酒。
（如果出油太多，先把油吸掉。）

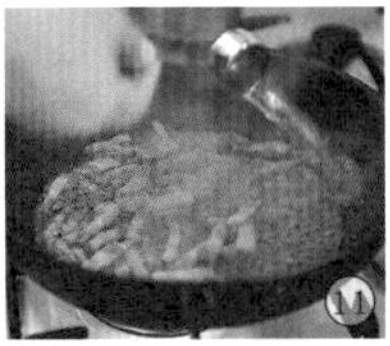

加入煮麵水。

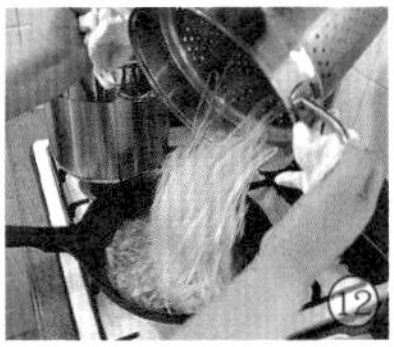

瀝乾煮得較硬的義大利麵，
放入平底鍋中。

全部快速混合。

離火放到濕紗布上，
蛋液一口氣倒進義大利麵中央。

快速攪拌。
如果出水太多，就再用小火加熱一下。
嘗嘗味道，
太淡的話可以加入起司和鹽調味。

最後依個人喜好，
撒上黑胡椒和起司後完成。

家庭牛排。

（吃到飽厚切牛腿排和煎豬排）

材料（5～6人份）

肉
- 牛腿肉　3公分厚約300克×2塊
- 豬里肌　2公分厚約150克×2塊

基本調味料
- 鹽　適量
- 黑胡椒　適量
- 牛脂肪　適量
- 油　適量

牛腿排的醬汁
- 白酒　3大匙
- 蒜頭醬油　3大匙
- 味醂　2大匙
- 白蘿蔔泥　適量

蕃茄醬
- 白酒　2大匙
- 蕃茄醬　3大匙 *
- 烏斯特醋　1大匙 *
- 水　1大匙 *
- 蒜頭醬油　1小匙 *
- 奶油　少許
- 黑胡椒　少許

（*將蕃茄醬、烏斯特醋、水和蒜頭醬油先混合起來備用會比較方便。）

搭配的蔬菜
- 水菜
- 萵苣
- 櫻桃蘿蔔　等

蒜頭醬油
- 醬油　50cc
- 蒜頭（片）　1～2片

（浸泡至少1天）

工具
- 平底鐵鍋

製作重點

因為有小孩子在，所以即使盡量壓低預算，
還是希望能夠很好吃，
而且是能夠下飯的好味道，
總之就是想讓人「吃到飽」！
全家人圍著裝滿大盤子的這道肉食料理。
豬里肌淋上使用了蕃茄醬的醬汁，做成煎豬排的風味。
厚切牛腿肉最後會用餘熱醒肉，所以煎到五分熟就可以了。
重點在於事前準備的步驟。
前一天要先醒肉，當天在室溫下回溫。
另外就是要仔細切開肉排的筋。
只要做了這些處理，即使用便宜一點的肉也會很好吃。

做法

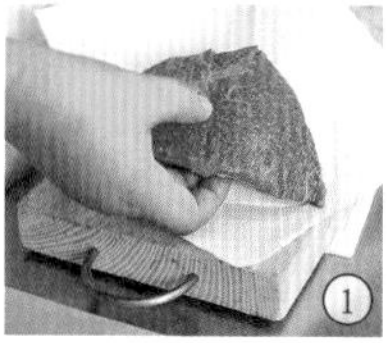

準備牛腿排，
以下的準備要前一天進行。
用廚房紙巾包住牛腿肉。

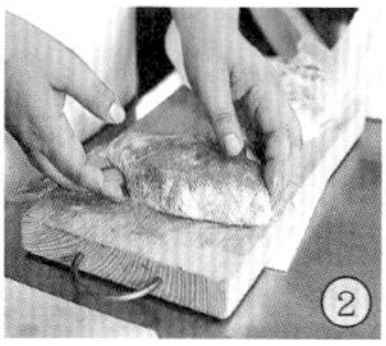

再用保鮮膜確實包好，
放入冰箱冷藏一晚。

接下來是當天進行的步驟。
取出冷藏一晚的牛腿肉，
在室溫下放置30分鐘～1小時回溫。

拿掉保鮮膜和廚房紙巾。

平底鐵鍋用大火熱鍋1～2分鐘，
（不沾鍋的話只要鍋子熱就可以了。）
融化牛脂肪。

放入牛腿肉，大火煎10秒。

轉成中火，蓋上鍋蓋，
煎2分鐘。

翻面。

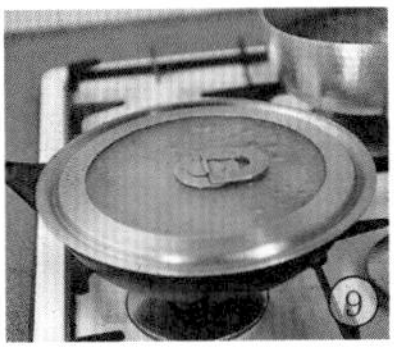

蓋上鍋蓋，煎2分鐘。

翻面，撒上鹽和黑胡椒，用中火煎40秒。從這裡開始就不用蓋鍋蓋了。

再次翻面，撒上鹽和黑胡椒，煎40秒。

斜傾平底鍋，用廚房紙巾吸掉多餘油脂。

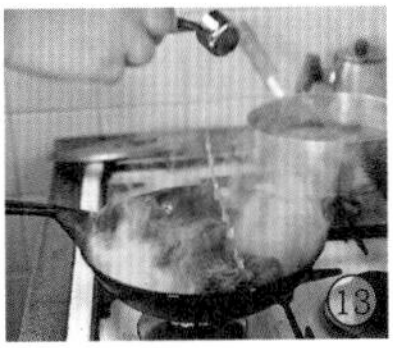

灑上1大匙白酒，立刻將肉取出。平底鍋離火放到一旁。

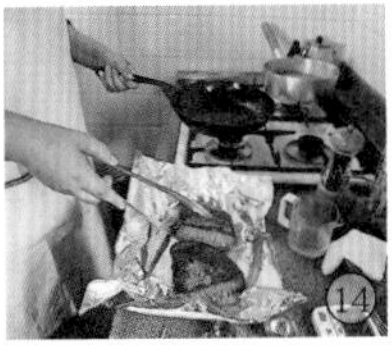

肉用鋁箔紙稍微包起放置醒肉。

製作醬汁。剛剛的平底鍋放回爐火上，再加入2大匙白酒、味醂和蒜頭醬油。用中火稍微煮滾。煮好的醬汁倒進等一下會上桌的容器中備用。

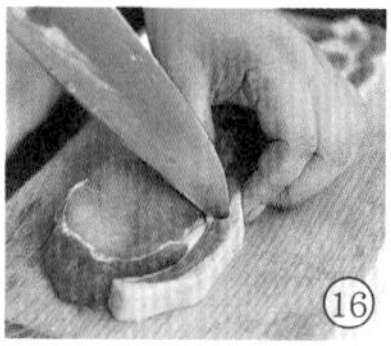

⑯ 準備煎豬排。
這裡使用的是豬里肌。
肥肉和瘦肉間有白色的筋相連，
為了之後好切開，
可以每隔2公分就劃上一刀。

⑰ 平底鐵鍋用大火熱鍋1～2分鐘
（不沾鍋的話只要鍋子熱了就可以了。）
然後倒油。

⑱ 裝盤時想朝上的那面先朝下來煎。
一開始用大火煎1分鐘，
之後蓋上鍋蓋用中火煎2分半。

⑲ 撒上鹽和黑胡椒。

⑳ 翻面。

㉑ 用中火煎約2分鐘，
撒上鹽和黑胡椒。
煎好之後，
平底鍋離火放到一旁。
將肉取出用鋁箔紙稍微包起放置。

㉒ 平底鍋放回爐火上，加入白酒。

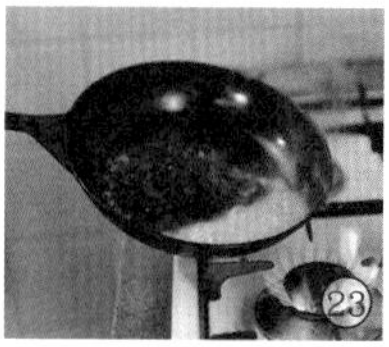

㉓ 煮滾至酒精蒸發。

加入蕃茄醬、烏斯特醋、
蒜頭醬油、水、奶油和黑胡椒。
煮好的醬汁
倒進等一下會上桌的容器中備用。

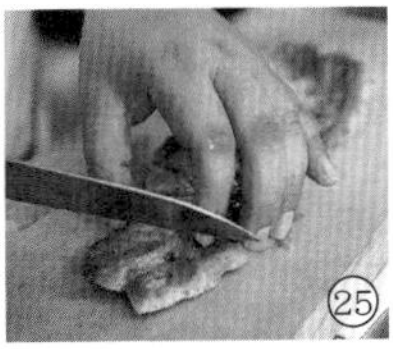

醒好的豬里肌切成一口大小。

和切成大小容易入口的蔬菜一起裝盤。

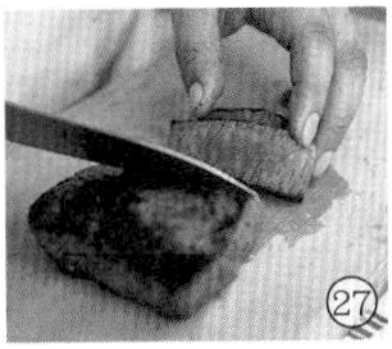

同樣，將醒好的牛腿肉切塊。

裝盤。

吃的時候，
牛腿肉可以搭配白蘿蔔泥，
淋上醬油醬汁。

豬里肌也可以淋上蕃茄醬汁食用。

漁獲滿滿之日的煮魚、烤魚和魚雜湯。

材料（4人份）

煮魚

- 金目鯛　魚身4塊
- 昆布　5公分正方形1片
- 水　180cc
- 酒　60cc
- 醬油　3大匙
- 味醂　3大匙
- 砂糖　½～1½大匙（依個人喜好調整甜味）
- 紅蔥　2支（長蔥也可以）
- 薑　1塊

烤魚

- 青甘魚　魚身4塊
- 鹽　適量
- 油　適量
- 檸檬或酢橘　適量
- 白蘿蔔　5公分長（磨白蘿蔔泥用）

魚雜湯

- 金目鯛的魚頭和魚雜　1尾的份量
- 白蘿蔔　2公分長（也可改用蕪菁、胡蘿蔔或蔥等）
- 紅蔥　適量
- 昆布　5公分正方形1片
- 水　900cc
- 酒　2大匙
- 鹽　1小匙
- 醬油　少許

工具

- 內蓋
- 烤網

製作重點

最愛釣魚的爸爸，
去釣了一整天的魚回來了。
今晚是漁獲滿滿的慶祝大餐！
(「爸爸，這真的是你釣回來的嗎？」
「不是買回來的嗎？」
一定會被這麼問，對吧？)
重點在於烤魚要先撒鹽讓水分排出，
煮魚和魚雜湯要先汆燙後清洗乾淨，好好去腥。
另外，煮魚的煮汁會加入味醂，
因為味醂可以讓容易散開的魚身肉變得較為緊密。
每個人喜歡的調味各有不同，
所以調味量的份量可以依照個人喜好自行調整，
找出自己喜歡的味道。

做法（煮魚）

鍋內裝水，放入昆布浸泡。

金目鯛魚皮劃上十字。

汆燙魚肉。
放進熱水後迅速撈起瀝乾。
（或是把魚肉放在網杓裡，沖熱水也可以。）

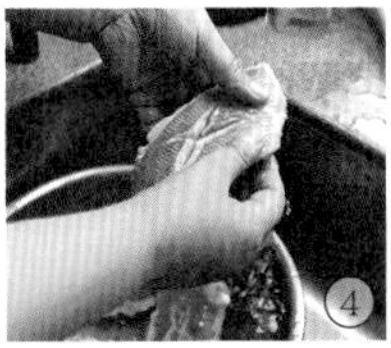

去除沒有清乾淨的魚鱗和血塊髒污。

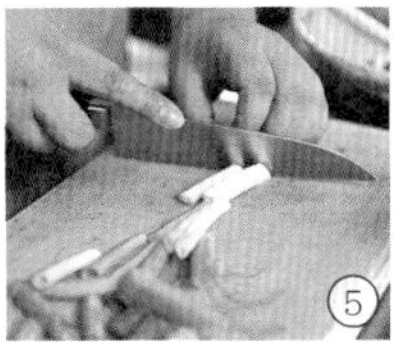

紅蔥切成5～6公分長。
（長蔥的話斜切成段。）

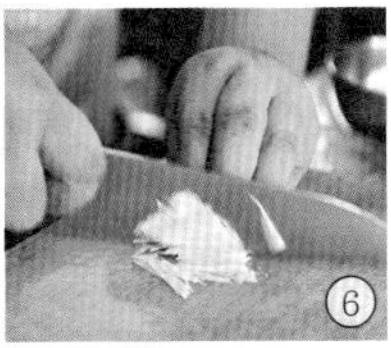

切薑絲。
薑削皮，順著纖維切絲，盡可能切細。

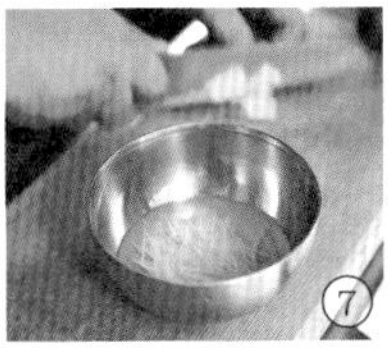

泡水備用。

浸泡昆布的鍋子裡
加入酒、砂糖、味醂和醬油，
開中火加熱。

放入金目鯛。

煮汁滾了以後，
用湯杓舀起淋在魚身上。

蓋上內蓋燉煮約10分鐘。

拿起內蓋，放入紅蔥，
再淋一次煮汁，
繼續煮2～3分鐘，熄火。

小心裝盤，不要讓魚肉散開。
擺上紅蔥，淋上煮汁。

放上瀝乾的薑絲，完成。

做法（烤魚）

調理盤薄薄撒上一層鹽，擺上青甘魚，上面再撒一層鹽。這是要讓魚肉的水分排出，去除腥臭髒污，並且事先調味。

用保鮮膜包起進冰箱冷藏15分鐘。

從冰箱取出青甘魚，用廚房紙巾吸掉表面的水分。

輕輕撒上鹽。

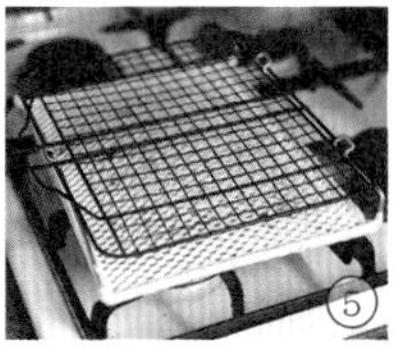

烤網加熱約2分鐘，薄薄塗上一層油。

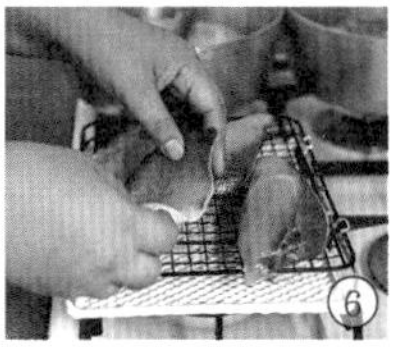

裝盤時會朝上的那面朝下來烤。首先用大火烤約4分鐘。

翻面後烤到熟約2分鐘。

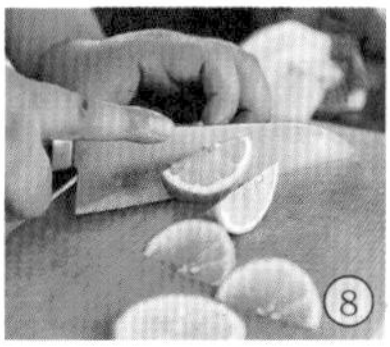

切檸檬。
磨白蘿蔔泥，稍微擠乾。

烤好的青甘魚裝盤，
擺上白蘿蔔泥和檸檬，完成。

做法（魚雜湯）

鍋內裝水，放入昆布浸泡。

金目鯛的魚頭和魚雜切成方便食用的大小，然後汆燙。放進熱水後迅速撈起，稍微清潔一下。

放在篩子上瀝乾。

白蘿蔔削皮，切成容易入口的大小。

浸泡昆布的鍋子裡放入酒、白蘿蔔、魚頭和魚雜，開火煮滾後轉小火，燉煮約15分鐘。

紅蔥切成小段。

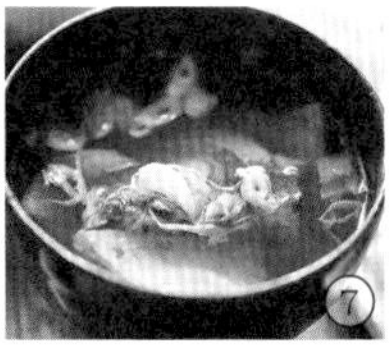

加鹽和醬油調味，裝碗，撒上紅蔥後食用。

美味的梗、相聲的梗

立川志之輔

舉例來說，用昆布夾著富山灣非常新鮮的魚，融合兩種美味的昆布卷；鮮嫩多汁的肥厚鹽燒青甘魚，燒燙燙的青甘魚味道直透進白蘿蔔裡。啊啊！真讓人受不了。一想到這樣的美食，在小料亭和居酒屋當然可以吃到，不過連魚店或是超級市場也可以買到，不禁讓人覺得「富山縣真是個厲害的地方」。

就先不要自誇家鄉的事了。我在富山最常去吃的店，位於富山機場的2樓。是一家從鮮魚到烏龍麵，各種美食通通有，但是20個客人就會塞滿的居酒屋風格小店。從第一次去到現在已經26年。每個月參加在富山舉辦的相聲會，就一定會順便去吃。所以去過的次數是26×12＝312次。哇！對我來說，這家我常去的店，要是哪天關門了可是很麻煩呢！

這家店不但料理好吃，而且是我構思故事的寶庫。那麼我就來說說在這家店遇到的兩件新鮮事吧！

早上大概十點，我從羽田搭飛機抵達，想吃個早飯所以來到這家店掀開門帘走進去，客人只有我1個。在店裡正中間的桌子坐下，心裡想著：「還是吃烏龍麵好了。可是要吃什麼口味的烏龍麵呢？」一邊小聲地喃喃自語，一邊瀏覽著菜單。

這時候又來了一位客人，雖然只瞥了一眼，大概是個30歲左右的上班族男性。他坐在我背後那張桌子，說了一句：「給我一碗湯烏龍麵。」

點餐的店員大姊往裡頭廚房大聲喊了：「一碗湯烏龍！」我聽了雖然覺得「簡單的湯烏龍也不錯」，起了想點湯烏龍的念頭，不過加了富山最有名的白蝦炸蔬菜餅還是讓我口水直流。所以，決定要好好吃頓豐富早餐的我，向店員大姊點餐：「可以給我炸蔬菜餅烏龍麵嗎？」大姊當然也向廚房喊了：「一碗炸蔬菜餅烏龍！」

後來，坐我後面桌上班族點的「湯烏龍麵」來了……到這裡都還很正常。可是，大姊說完「久等了，您的湯烏龍」後，上班族說了一句讓人不可置信的話：「咦？我點的是炸蔬菜餅烏龍麵耶。」

「不是吧，你點的是『湯烏龍』吧！」我突然吐槽……當然是在心裡。不過，我一向早上精神不是太好，而且上班族的語氣也太過自信，所以說不定是我自己聽錯了，這樣反而不好意思。

但面對上班族的說詞，店員大姊詫異地回問：「咦？是炸蔬菜餅烏龍嗎？」語氣中微妙地包含了「你明明就是點湯烏龍吧！我跟廚房喊的也是湯烏龍啊！」的意思。因此我再次肯定了自己的想法。「大姊，妳是對的。加油！」當然我還是在心中默默地為大姊打氣。

結果，原本是我要吃的炸蔬菜餅烏龍麵，因為這個小小的事件被店員大姊先拿去給上班族了。那，上班族點的湯烏龍麵最後怎麼了呢？

大姊走到我這邊來時，十分確定地說：「志之輔先生點的是炸蔬菜餅烏龍麵，對吧？」我回她：「沒關係啦，另外幫我把炸物放上去就好了。」

最後送到我桌上的是一碗湯烏龍和另外裝盤的炸蔬菜餅。然後店員大姊還跟我一起討論有沒有搞錯這件事，想要分析出「到底為什麼？」可是沒有一個確定的結論。只是和店員大姊交情又多了一層。

後來在同樣的這家店，也發生過讓人感到溫暖的事件。

那年一月，大雪紛飛，停飛班次太多，機場整個大混亂，店裡也因此忙得不得了。我坐在靠近店門口的位子，跟往常一樣慢慢吃著富山灣的鮮魚。

這時有個年約4、5歲的小男孩，自己一個人走進來，用可愛的語調學著可能是爸爸或其他大人教他的語句：「請給我一支牙籤。」但不湊巧，店員大姊正在忙，沒聽到。

我本來想直接拿一支桌上的牙籤給他，不過在裡面忙著煮食的店老闆此時卻從吧台探出身來，問小男孩說：「請問你需要什麼呢？」小男孩又說了一次：「請給我一支牙籤。」店老闆馬上回答：「好的。牙籤一支喔！」

聽到店老闆充滿活力的喊聲，店員大姊的反應也很快。她馬上蹲到小男孩身邊：「來，你的牙籤。」然後把牙籤遞過去。小男孩順利地完成了任務，小聲地說了「謝謝」，然後小跑步地走出去。一邊煮食還一邊顧著忙碌的店裡，充滿愛情與幽默感、發出確實指令的店老闆真是帥啊！而瞬間反應過來的店員大姊，她的處理也讓人感到安心而溫暖。

我到現在還常常回想起那時的光景，就更覺得這家店的料理美味加倍。

所以，為什麼我會一直來光顧這家店，理由已經很清楚了。

就是想吃的豬排飯。

（隔天煮成豬排鍋膳）

豬排飯的材料（2人份）

配料

・豬里肌肉 1.5公分厚2塊（1塊130～140克）
・洋蔥 1/4顆
・雞蛋 3顆
・烤海苔 適量

調味料

◆肉排事前調味
・鹽 適量
・胡椒 適量

◆麵衣
・低筋麵粉 適量
・雞蛋 1顆
・生麵包粉 適量

◆煮汁
・高湯 120cc（參照第10頁「高湯的製作方法」。）
・醬油 3大匙
・味醂 3大匙
・砂糖 1大匙

其他

・飯 蓋飯用碗2碗的份量
・炸油 適量

工具

・竹籤
・油炸用溫度計

豬排鍋膳的材料（1～2人份）

配料

- 炸豬排 1塊
- 雞蛋 1～2顆
- 長蔥 1/3支

煮汁

- 高湯 75cc
- 醬油 1 1/2大匙
- 味醂 1 1/2大匙
- 砂糖 1/2大匙

工具

- 免洗筷
- 小烤箱
- 土鍋

製作重點

同居的兩人，遇到了生活中的小確幸，這是給自己一點小獎勵而做的豬排飯。另外，炸太多（吃剩的）、買來的、冷掉的炸豬排，可以重新加熱做成豬排鍋膳。所以我設計了這兩道食譜。

蓋飯很容易口味過於單調，所以其中一個重點就是雞蛋不要完全打散。蛋白蓬鬆的口感和蛋黃濃厚的風味，可以仔細品嘗到這兩種不同的味道。

豬排鍋膳的部分，雖然有些麻煩，不過一開始要先用小烤箱把麵衣烤得酥脆。切記要使用托盤和鋁箔紙，不然烤出來的油滴到電熱管上會很危險。

豬排鍋膳搭配的是長蔥，是為了去除放久的炸物散發出的油臭味。豬排飯如果不使用洋蔥，搭配長蔥或是紅蔥也會很好吃。

做法（豬排飯）

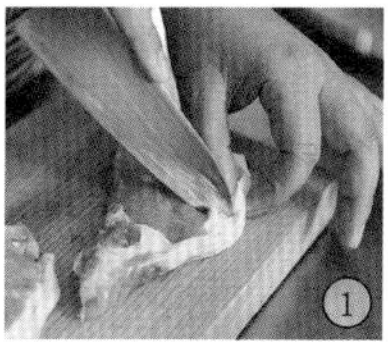

1. 豬肉從冰箱的冷藏室取出（不用回溫），放在砧板上，劃開肥肉和瘦肉間的筋，一面大約用菜刀切劃上10刀。

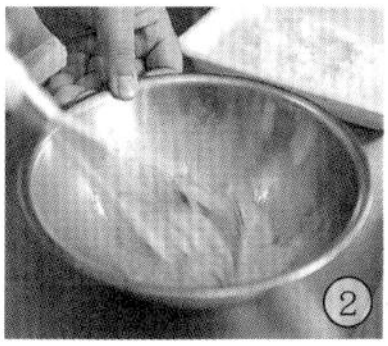

2. 調製麵衣的雞蛋打入攪拌盆，用打蛋器或長筷確實打散。

3. 豬肉的兩面輕輕撒上鹽和胡椒。

4. 豬肉的一端用竹籤插起，沾滿低筋麵粉，並拍去多餘粉末。

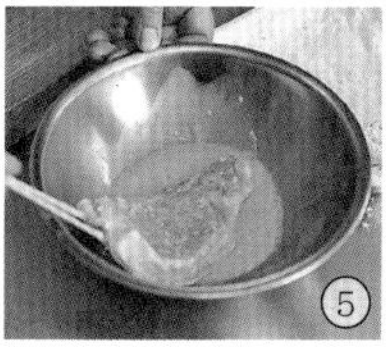

5. 沾滿打散的蛋液。

6. 等多餘的蛋液滴完，放到鋪滿生麵包粉的調理盤上，拿掉竹籤，將麵包粉覆蓋到豬肉上。

7. 兩手用力壓實，讓豬肉沾滿生麵包粉。

平底鍋中加入煮汁所有的材料。

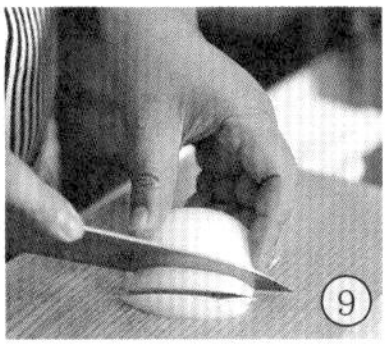

洋蔥切成扇形。
外側厚度約7公釐，
朝中心切片。

開始炸豬排。
放入180℃的熱油中。
入鍋時朝上的那面麵包粉會立起來，
裝盤時記得朝上擺放。

肉下鍋時油溫會下降，
所以轉大火30秒。
加熱到170℃時轉成中火。
（一直到炸完都要保持165～170℃。）

約1分半後，
麵衣開始成形，
在油鍋中小心地翻面。

同時間，
在加了煮汁的平底鍋裡放入洋蔥，
開中火。

總計約3分鐘後將豬排撈起瀝油。
（如果只單吃炸豬排，
要再多炸30秒～1分鐘。）

放在砧板上切成容易食用的大小。
之後還會再次燉煮，
所以肉還帶點紅沒有關係。

煮汁煮滾後將豬排整齊擺入鍋中。

雞蛋稍微攪拌
（大概是蛋黃打散就可以），
淋到豬排上。

蓋上鍋蓋，
用中火煮40秒，
雞蛋煮到自己喜歡的熟度就可熄火。

蓋飯用碗添飯，
擺上豬排，淋上煮汁。

撒上撕碎的海苔後完成。

做法（豬排鍋膳）

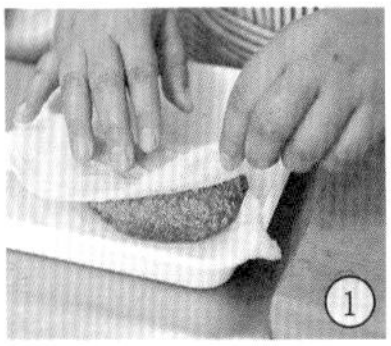

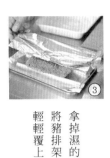

炸豬排用濕的廚房紙巾包住。（或用噴瓶裝水噴濕也可以。）把豬排弄濕比較不會烤焦。

小烤箱托盤上鋪好長度足夠完整包住豬排的鋁箔紙，裡面擺上2支免洗筷。

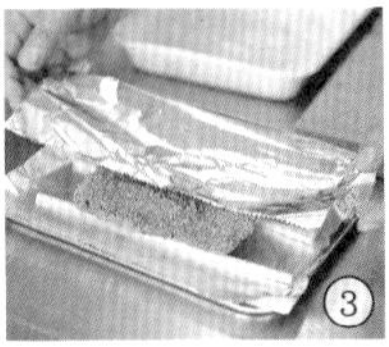

拿掉濕的廚房紙巾，將豬排架在免洗筷上，輕輕覆上鋁箔紙。

小烤箱預熱至烤箱內發紅，烤8～9分鐘。

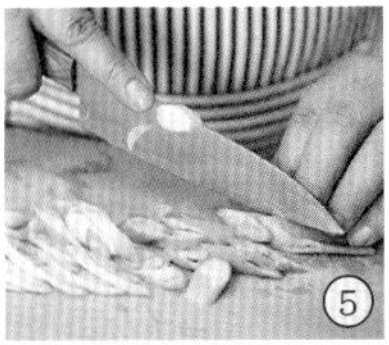

長蔥斜切備用。

土鍋加入煮汁的材料，開中火。

烤了8～9分鐘後，將上方覆蓋的鋁箔紙拿開（推到內側），再烤1分鐘取出。

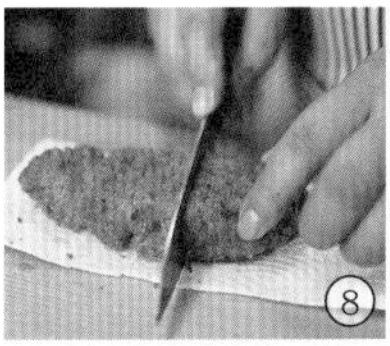

在砧板鋪上廚房紙巾，再把豬排放上去，吸掉多餘油脂，切成容易食用的大小。

煮滾的土鍋放入蔥和豬排，蓋上鍋蓋煮30秒。

豬排吸收煮汁後，輕輕將打散的蛋液淋在豬排上。

再把鍋蓋蓋上煮30秒後完成。直接上桌即可。

老友來訪那天的燉牛肉。

材料（4人份）

配料

- ・牛五花肉（塊）500克 ┐或燉煮用肉800克也可以
- ・牛脛肉（塊）300克 ┘
- ・洋蔥　3顆
- ・罐裝整顆蕃茄　1罐（400克）
- ・胡蘿蔔　1條
- ・蘑菇　1包（6～8朵）

調味料和油

- ・鹽　1½小匙
- ・黑胡椒　適量
- ・油　2大匙
- ・蒜頭　2顆
- ・洋香菜　2支
- ・月桂葉　2片
- ・紅酒　350cc
- ・水　350cc＋700cc
- ・奶油　10克
- ・水　1大匙

提味

- ・蜂蜜　1小匙～½大匙
- ・醬油　½小匙
- ・鹽　依個人喜好

奶油炒麵糊

- ・奶油　20克
- ・低筋麵粉　2大匙

工具

- ・料理用棉線
- ・烘焙紙

製作重點

爸爸為了很久不見的老友要來拜訪，特別花了兩天時間，親自展現手藝，做了這道有點豪華的燉牛肉。

冷藏一晚醒肉，可以讓紅酒變得更順口，牛肉也更加入味、更加柔和。

不用市售的現成牛肉燴醬，而是花時間自己用洋蔥炒出來的精華，讓燉肉的味道更有深度。

如果想讓味道更濃厚，水的部分可以用一整瓶紅酒，而罐裝整顆蕃茄可以改用蕃茄糊200克，這樣就會很好吃。

反過來說，如果想要當天吃，或是怕酒的人，可以少用一點紅酒，增加水的份量即可。

另外，蜂蜜可以調和蕃茄和紅酒的酸味，感覺更為醇厚。

水要分2次倒入，將浮末完全清除乾淨。

最後再加入一點點醬油更下飯。

請一定要試試看。

做法

① 第一天的處理工作。牛肉切成大塊。

② 撒上鹽1小匙和黑胡椒，搓揉入味。

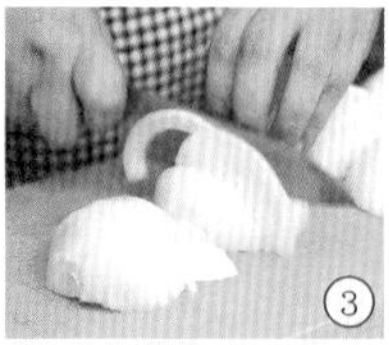

③ 洋蔥切半，與纖維垂直的方向切片。

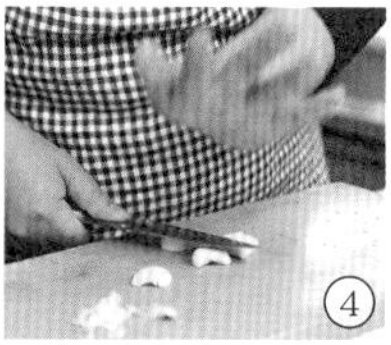

④ 蒜頭切半去芯，用菜刀拍碎。

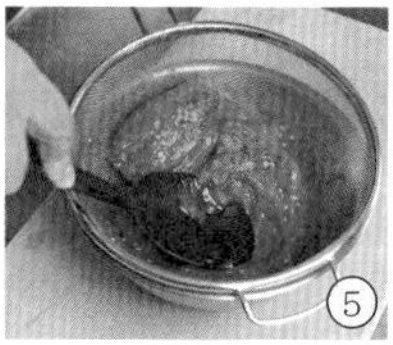

⑤ 罐裝整顆蕃茄在篩網裡壓碎過濾。

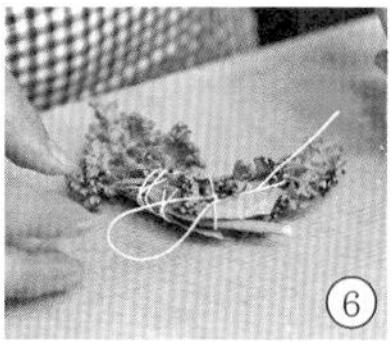

⑥ 洋香菜和月桂葉以料理用棉線綁起來。如果有芹菜葉，也可以綁在一起。

⑦ 平底鍋用大火加熱，倒油，放入牛肉和蒜頭來煎烤。盡可能不要翻動，直到表面全部呈現微焦色。小心蒜頭不要燒焦。

會煎出油脂，
用廚房紙巾吸掉。

呈現微焦色後，
倒入紅酒。

連著附著在平底鍋的精華，
一起倒進燉煮用的湯鍋裡，
加入350cc的水，開中火。

煮滾後漂去浮末。

加入700cc的水。
分2次加入並分別漂去浮末，
便可將浮末清除乾淨。

平底鍋用中火加熱，
倒入1大匙油，
將洋蔥炒熟直到變成透明。

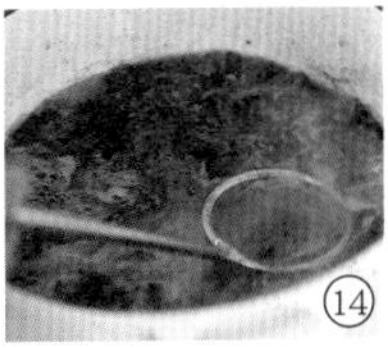

同時要注意燉肉的鍋子，
煮沸後漂去浮末。

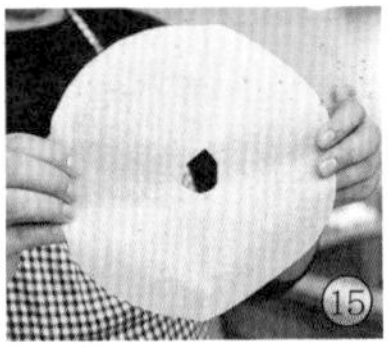

烘焙紙剪成比湯鍋直徑略小的圓形，
中央開孔。
這就是等一下要使用的內蓋。

倒入過濾好的罐裝整顆番茄。

炒好的洋蔥倒入一半，綁起來的洋香菜和月桂葉也丟下去。

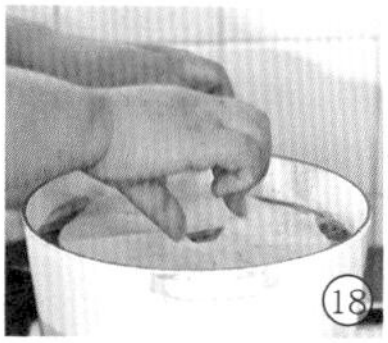

鋪上內蓋，再蓋上鍋蓋，用小火燉煮2～3小時，不時撈去油脂。

剩下的洋蔥加入1小匙蜂蜜，用小火繼續炒。

炒上20～30分鐘後，洋蔥變成焦糖色。

加入20克奶油。

奶油融化後倒入低筋麵粉。

再繼續炒，變成深焦糖色後熄火。

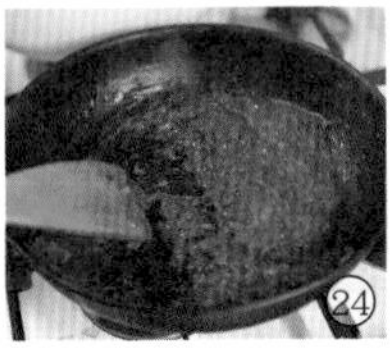

加入２湯杓的煮汁後拌勻，奶油炒麵糊就製作完成。

燉煮２～３小時後，檢查牛肉的狀況，如果已經煮到自己喜歡的程度，就將內蓋拿掉，撈去油脂。

取出洋香菜和月桂葉。

用湯杓和筷子小心地將牛肉移到調理盤上。

過濾煮汁。（過濾後比較順口，不過濾也沒關係。不過濾的話步驟㉗～步驟㉝可以省略。）

煮汁倒回鍋中。

篩網上殘留的蔬菜用飯杓壓碎過濾。

將篩網外面附著的部分刮下來。

倒回鍋中。

肉放回鍋中。

將奶油炒麵糊倒入鍋中，
安靜地攪拌混合。

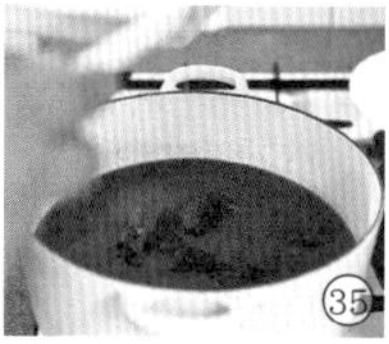

不加蓋，用小火燉煮30分鐘，
不時攪拌混合，然後熄火。
放涼後蓋上鍋蓋，送進冰箱冷藏。
到這裡，第一天的處理工作就完成了。

接下來是第二天的處理工作。
胡蘿蔔縱剖成3長條，
再切成4等份。
（切成大片的圓形也可以。）

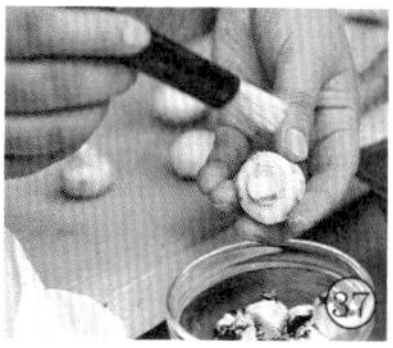

蘑菇去蒂，
用廚房紙巾（或是紗布、刷子等）
除去髒污。

平底鍋用中火加熱，
融化奶油，
放入蘑菇和胡蘿蔔來炒，
加水後稍微用火煮熟。

從冰箱拿出湯鍋，
撈去冷卻凝固的油脂。
鍋子用中火加熱後，
倒入胡蘿蔔和蘑菇。
加入鹽 $\frac{1}{2}$ 小匙。

鍋邊附著的煮汁也是精華，
要仔細刮下來和牛肉一起燉煮。
燉煮20分鐘至胡蘿蔔熟透。

嘗嘗味道，
加入提味的醬油和蜂蜜。
味道太淡的話可以再添點鹽。

盤子先用熱水燙過保溫。

裝盤。
牛肉非常鬆軟，
小心不要弄碎。

家常鹽味拉麵。

材料（2人份）

高湯

・雞肋骨　2隻的份量
・長蔥綠色的部分　1支
・薑　2片
・水　2,500～3,000cc

以上會使用600～700cc

配料和麵

・豬五花肉片　70克
・魷魚腳　1碗
・蝦仁　4～6隻
・高麗菜　2片
・韭菜　1/4把
・長蔥　1/2支
・豆芽菜　1/2包
・蒜頭　1/2顆
・中華麵（生）　2球

調味料

・魚露　1/2大匙
・鹽　1小匙（試過味道後大概追加2小撮）
・胡椒　少許
・油　1/2～1大匙

製作重點

週末的中午，媽媽煮的蔬菜滿滿的拉麵。
和湯麵、什錦麵一樣配料很多、
店裡也很難吃到這樣的鹽味「家常拉麵」。
配料可以使用竹輪、魚板、蛤蜊、木耳、薩摩油炸魚糕、
扇貝、香菇等等，自己精心搭配。
食譜中是用雞肋骨熬煮高湯，
沒時間的話，也可以用雞湯粉或市售現成的高湯取代。
用剩的雞骨湯可以用冰塊盒或冷凍保存袋分裝冷凍，
以後拿來製作麻婆豆腐、蛋花湯或是茶碗蒸等料理。

做法

雞骨汆燙。
將雞骨放入煮沸的熱水中燙過。

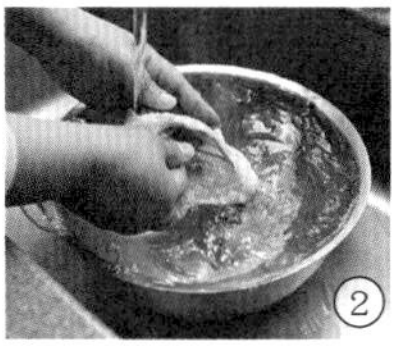

表面變白後用流水沖洗，
將表面和內側的髒污清乾淨。

用深一點的湯鍋裝水，
放入雞骨。

鍋中放入長蔥綠色的部分和薑片，
開大火。
也可以放入胡蘿蔔的皮和高麗菜的芯。

煮沸後漂去浮末。
轉小火燉煮
1小時～1小時半，
雞骨湯就熬好了。
然後用篩網過濾備用。

高麗菜洗好，
葉和芯分開，
葉切成粗條，芯切成薄片。

長蔥斜切。

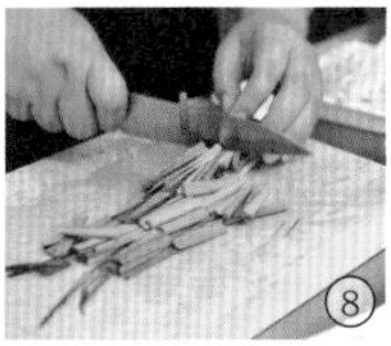

韭菜切成5公分長短。

可以的話，豆芽菜摘掉鬚根。

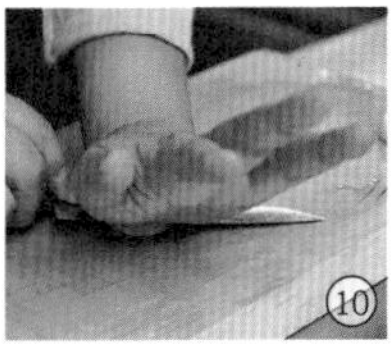

蒜頭用菜刀壓碎。

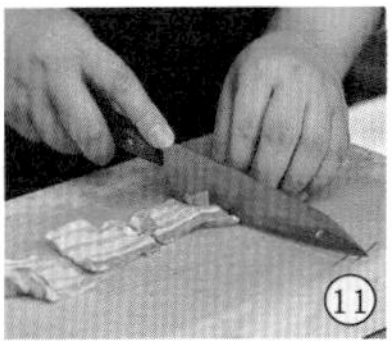

豬五花切成5公分寬。

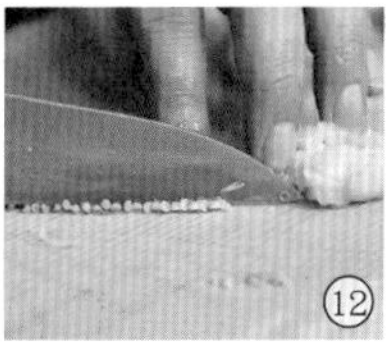

魷魚腳除去吸盤。不過留著也可以，這樣比較有嚼勁。

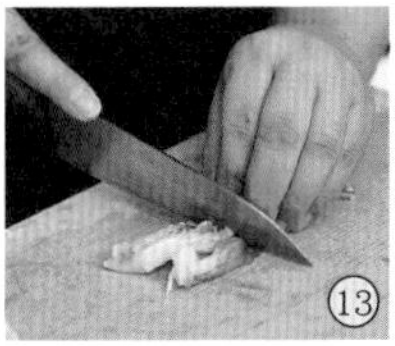

切成5公分長短。

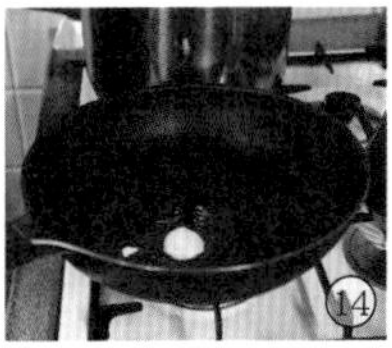

平底鍋倒油，放入蒜頭，開中火。另一口爐火則將煮麵的水燒開。

爆香後放入豬五花快炒。

放入高麗菜、長蔥和豆芽菜，
大火快炒。

加入韭菜和魚露，
稍微翻炒一下。

雞骨湯加入鹽1小匙。
如果湯涼了再重新加熱。

放入魷魚腳和蝦仁。

蓋上鍋蓋加熱。

等湯滾的期間可以下麵。

麵碗加入熱水保溫。

湯煮滾後嘗嘗味道，
太淡的話加點鹽和胡椒調味。

將麵碗裡的熱水倒掉，煮好的麵瀝乾後放入麵碗中。

放入配料，從上面加湯，完成。

不要輸給口腹之慾

劇團一人

一般人好像沒有這種感覺，不過我一直很崇拜有人到拉麵店點餐時，會點什麼料都沒有的「普通拉麵」。菜單上那麼多種類的餐點，不要蔥燒拉麵，也不要叉燒拉麵，而是什麼變化都沒有的原味拉麵，連煎餃、半份炒飯，甚至白飯都不要。我覺得這種人真的好酷喔！

不過，我對「很酷」有著自己的一番定義。不能因為沒有錢所以挑最便宜的拉麵，也不能因為吃不多、吃不完，所以普通拉麵就好了，這些理由都要排除在外。還有「點最普通的拉麵，才能吃出這家店最原始的味道」這種拉麵專家也例外。一定要收入中等、胃口中等，也不是拉麵專家的人才可以。條件這麼嚴苛，還真是抱歉了。

會點普通拉麵的理由，我認為最高的境界就是「沒有為什麼」。很久以前，某個女演員曾在首映見面會時這樣回答，遭受輿論嚴厲的批評，不過我覺得這句話正是點普通拉麵最好的理由。如果要講得更詳細一點，大概就是「沒有為什麼，還要挑很麻煩」吧！

我還住在中野區的時候，住家附近的老街上有家拉麵店。不是很好吃，不過也不難吃，就是家普通的拉麵店。在那裡遇到的一個上班族就達到了這個境界。不高不矮、不胖不瘦，大概40歲左右，外表乾淨整潔的男性。每次都坐在吧台的同一個位子，總是點普通拉麵。我在他旁邊則是大口吃著叉燒蔥拉麵配煎餃和半份炒飯。要說感覺自己比較低下還是失敗呢？總之覺得自己好丟臉。

這個人到底是有什麼樣的魅力呢？一言以蔽之就是「不卑不亢」吧！他的背影彷彿說著：吃什麼都沒有太大的差別，幾乎已經可以算是某種悟道的狀態了。和他比起來，那我呢？我點的東西根本就是赤裸裸的慾望吧！真的是太低劣了！我深深地反省著。後來有一段時間，我學這位上班族點普通的拉麵，但是還不到一個月就破功。「我要拉麵」說完只要忍耐不開口就沒事，但「……還有半份炒飯」還是軟弱地加了這句。

其實也不只是拉麵，車站前的咖哩專賣店也一樣。我非常尊敬那些對炸豬排、起司、半熟蛋看都不看一眼，直接點了最簡單的普通咖哩的人。還有像沒有照燒醬也不加起司的普通漢堡、不點奶油培根醬也不點香蒜辣椒，而是直接選擇肉醬義大利麵等等，例子不可勝數。

像這樣不卑不亢的人，就算去吃自助餐也是，不會像我這種低等的人，「總之全都拿一點點試試看」，讓自己的口腹之慾無邊無際，盤子裝得跟小山一樣高。他們的盤子會裝得份量剛好，也不會像我們把皮帶鬆開然後說：「吃太飽了好撐。」而是大概吃了八分飽就停。說起來，這些人本來就不會自己跑去吃自助餐，那是我們這種無法壓抑慾望的低等人類才會想去的地方。

他們不會特別去那種大排長龍的店吃東西，也不會開很遠的車去吃所謂B級美食，像這些都是屬於低等的行為。他們會去家裡附近的拉麵店、公司旁邊的咖哩專賣店、從車站回家途中經過的蕎麥麵店，這樣就好了。

早餐不管過了幾年都吃得一樣，塗了奶油的麵包，配上荷包蛋和牛奶。毫不猶豫的不只是吃的東西，什麼事都「和以前一樣」，一直找附近的地方。頭髮長了就去附近的理髮店剪「一樣的髮型」，肩頸僵硬就去車站前的按摩店來個「30分鐘按摩」，颳風下雨都一樣。我希望自己也可以成為這樣的人。

成熟大人風味湯豆腐。

（平常的湯豆腐、特別日的湯豆腐）

材料（2～3人份）

平常的湯豆腐

- 豆腐（絹豆腐或木棉豆腐）　2塊
- 鱈魚　2塊
- 水　1,000cc
- 昆布　5公分正方形1片
- 鹽　1小匙
- 水菜
- 春菊

（水菜、春菊）依個人喜好

提味料（平常的湯豆腐・和風）

- 長蔥　15公分長
- 柴魚片　5克
- 醬油　2大匙
- 油　½大匙
- 酒　1大匙
- 味醂　½大匙
- 酢橘（也可以用柚子或臭橙）
- 柚子胡椒
- 七味辣椒粉
- 薑泥

（酢橘～薑泥）依個人喜好

特別日的湯豆腐

- 豆腐（絹豆腐或木棉豆腐） 2塊
- 水 1,000cc
- 昆布 5公分正方形1片
- 鹽 1小匙

提味料（特別日的湯豆腐・四川風）

- 香菜
- 萬能蔥（台灣的珠蔥）
- 榨菜
- 薑泥
- 蒜泥
- 白芝麻粉
- 花生
- 花椒
- 麻油
- 醬油
- 醋
- 鹽
- 辣油

依個人喜好

工具

- 土鍋
- 桌上型瓦斯爐

製作重點

湯豆腐散發著「成熟」的美味，
不過這種感覺小孩子完全不懂得欣賞，
配飯的話總覺得太清淡了點。
想到以前會希望更有味道一些，
所以在「平常的湯豆腐」的提味料裡加了一點點油。
（當然，不加也沒有關係。）
另外，四川風的「特別日的湯豆腐」，
則是參考了因為雜誌採訪到中國重慶地區時，
發現非常好吃的豆腐料理。
我喜歡多加一點香菜、榨菜和花椒。
想要熱呼呼享用的祕訣，
在於豆腐放進鍋裡就要開火。
這樣才能和提味料一起趁熱享用，
也不會發生要吃的時候裡面已經冷掉了這種事。

做法（平常的湯豆腐）

土鍋裝水，
放入切成兩半的昆布。

鱈魚撒鹽（材料外），
放置10分鐘。

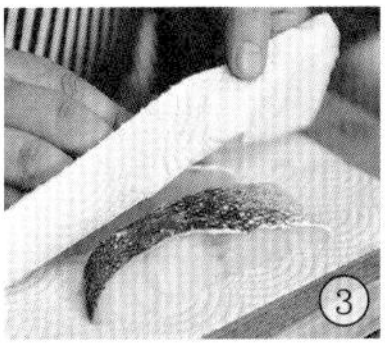

用廚房紙巾包起，
輕輕壓乾水分，
切成一口大小。

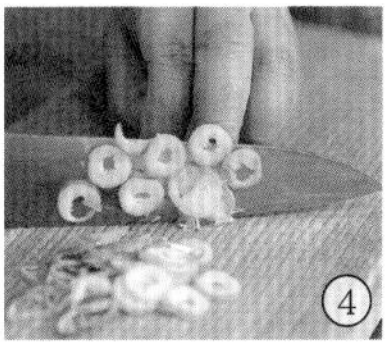

製作提味料。
長蔥切成小片。

放入容器中，
可以使用小麵碗或茶杯來裝。
（因為會放到土鍋裡加熱，
最好使用陶瓷類材質。）

平底鍋倒油，
用大火加熱至冒油煙。

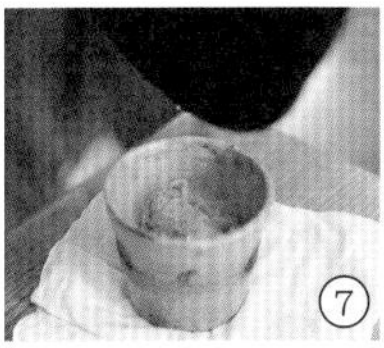

熱油淋到長蔥上，
快速混合。
（長蔥的水分遇到熱油可能會噴，
請小心。）

加入醬油、酒和味醂。
（怕酒的人可以先將酒精煮到蒸發。）

加入柴魚片，快速混合。

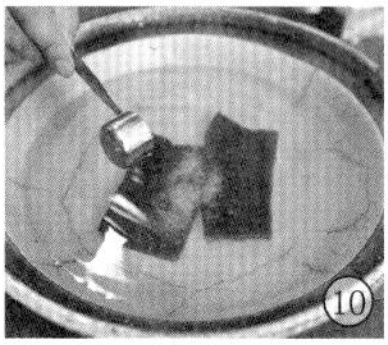

土鍋中加鹽，快速攪拌溶解。
（加了鹽，豆腐比較不會散掉，
也不會變硬。）
現在還不用開火。

豆腐切成一口大小。

將小麵碗放到土鍋中央，
豆腐排在旁邊，
小心不要弄破。

蓋上鍋蓋，開中火。

開始冒蒸氣後轉小火，
豆腐熱了之後便完成。

加上提味料便可食用。
中間可以把鱈魚放進去煮，
也可以依個人喜好加入水菜或春菊，
都很好吃。

做法（特別日的湯豆腐）

土鍋裝水，放入昆布。

準備提味料，
分別放入不同的容器中。
香菜和萬能蔥切碎，裝入容器。

榨菜用菜刀切碎。

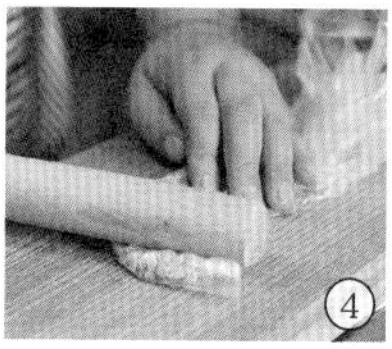

花生放入塑膠袋碾碎備用。

花椒如果是整粒的，
要用研磨器或研磨棒磨碎。

醋、醬油和麻油，
以及其他依個人喜好準備的提味料，
分別裝在不同的容器中上桌。

土鍋中加鹽，快速攪拌溶解。
現在還不用開火。

切成大塊的豆腐放到土鍋中，
小心不要弄破。

蓋上鍋蓋開中火，
開始冒蒸氣後轉小火，
豆腐熱了之後便完成。

依個人喜好自由選擇提味料
和調味料混合成蘸醬，
搭配豆腐來吃。

配飯也很不錯。

歲末蟹肉炒蛋。

材料（2～3人份）

配料

- 蟹肉（水煮松葉蟹剝好的蟹肉）　60～100克（食譜中使用了80克）
- 洋蔥　1/4顆
- 油　2大匙（分3次加入）

蛋液

- 雞蛋　4顆
- 鹽　約1/3小匙
- 酒　1/2大匙
- 牛奶　1大匙
- 白胡椒　少許

芡汁

- 昆布高湯　100cc（參照第11頁「高湯的製作方法」。）
- 雞骨湯粉　1/2小匙
（若有現成的雞骨湯，份量可和昆布高湯各半。）
- 酒　1大匙
- 味醂　1/2大匙
- 醬油　1/2小匙
- 太白粉　1小匙
- 麻油　少許

製作重點

別人送的螃蟹，

或是超市季節折扣的便宜水煮蟹肉，

搭配雞蛋來炒，展現出蟹肉和炒蛋雙重的滋味。

我所設計的就是這樣一道十分下飯又風味高雅的蟹肉炒蛋。

如果吃螃蟹大餐時剛好剩一些碎肉，請一定要試試看。

中式的蟹肉炒蛋，芡汁會加醋。

不過這裡為了表現出雞蛋的美味與蟹肉的飽足感，

所以不會使用。但也可以依照個人喜好，

加入醋和砂糖各1小匙～1大匙。

配料使用洋蔥，是為了增加清脆的口感，

同時引出雞蛋和蟹肉的香氣與甜味。

另外，如果在蛋液中加入牛奶，

還能讓炒蛋變得更蓬鬆。

做法

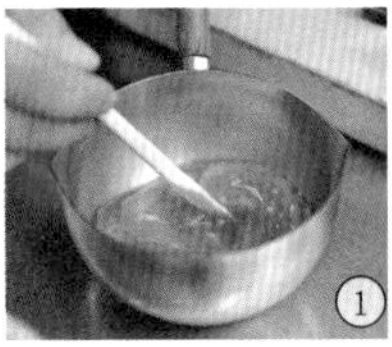

除了麻油以外的芡汁材料全部混合在一起，攪拌均勻。

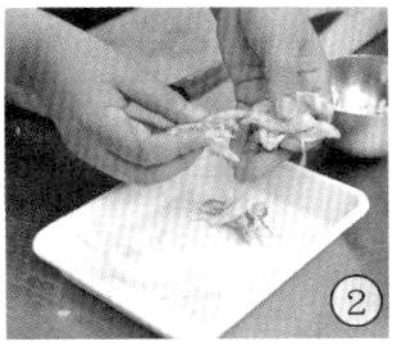

洋蔥與纖維垂直切成5公釐厚片狀。蟹肉撕成絲狀。

攪拌盆打入雞蛋，加鹽。

輕輕攪拌打散。

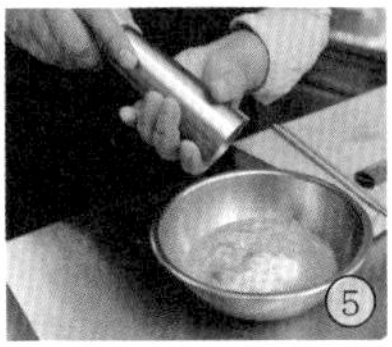

加入酒、牛奶和白胡椒混合。

平底鍋加熱倒油，用中火炒熟洋蔥後，加入蟹肉。再快炒一下，裝盤備用。

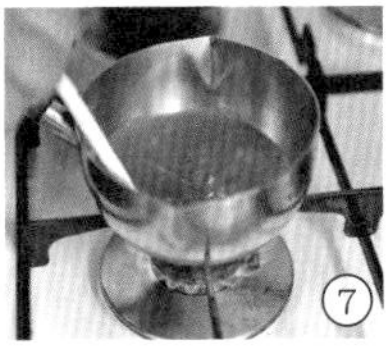

芡汁用小火一邊攪拌一邊加熱。

變得黏稠後熄火，
離火加入少許麻油混合。

平底鍋用強一點的中火確實熱鍋，
倒入油 $\frac{1}{2}$ 大匙。
蛋液快速攪拌後倒入平底鍋。

接著馬上倒入炒好的洋蔥和蟹肉。

用橡皮刀像炒蛋一樣一邊加熱，
一邊快速攪拌，
半熟後前後搖動平底鍋，
從鍋邊稍微倒一圈油。

縱切兩半。

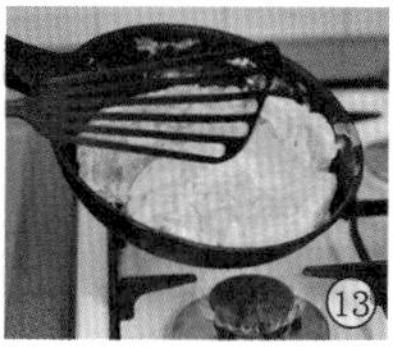

用煎匙半邊半邊翻面。
再加熱一會兒。

中間呈現濃稠半熟的狀態便完成。

裝盤，淋上芡汁後食用。

大家族關東煮。

材料（4～5人份）

煮汁

・高湯　1,500cc
（參照第10頁。不過因為配料也會增加高湯的鮮味，所以柴魚片可以少用一點。）
・酒　3大匙
・味醂　1～2大匙
・淡味醬油　2～3大匙
・鹽　½小匙

配料（＊）

・白蘿蔔　12公分長
・米　1握（或是洗米水）
・地瓜　½顆
・馬鈴薯（小）　3～4顆
・牛蒡　½支
・蒟蒻　1塊
・早煮昆布　2～3塊（大約切成13公分的大小，或使用現成的海帶結）
・雞中翅　4～5支
・雞蛋　3～4顆
・魚漿製品（竹輪、薩摩油炸魚糕、魚丸、魚板等）　依個人喜好約400～500克
（＊配合使用的土鍋與人數多寡，調整所有配料與煮汁的份量。
馬鈴薯可以改用芋頭，加胡蘿蔔能讓顏色更豐富。）

八丁味噌醬

・八丁味噌　50克
・酒　1大匙
・水　2大匙
・砂糖　2½～3大匙
・味醂　1大匙

白味噌辣醬

・白味噌　50克
・辣椒粉　1½小匙
・高湯（或水）　3大匙

工具

・土鍋或是大的湯鍋
・桌上型瓦斯爐

製作重點

阿公阿嬤來家裡玩的日子，
孫子也一起，大家你來我往地，
輪流挾起大鍋裡滿滿的關東煮。
重點就是，擔心味道過於單調，所以準備2種蘸醬。
也想讓小孩吃得開心，所以加了雞中翅。
因為長時間燉煮，馬鈴薯之類的鬆軟食材，
會讓高湯味道渾濁。
所以鍋蓋不要蓋太緊，
並用微弱的小火慢慢加熱，
放涼入味之後，再重新加熱食用就可以了。
要是燉煮過頭，把煮汁都煮乾了，
請加入水或昆布高湯。
另外，若是想凸顯蘸醬的味道，
煮汁的味醂和淡味醬油可以少用一點。

做法

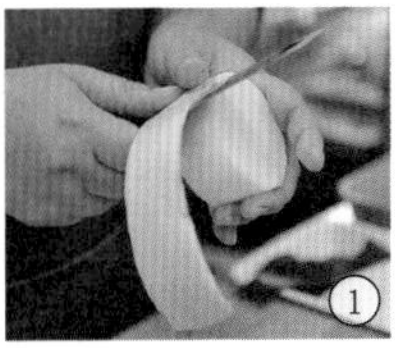

①白蘿蔔切成3公分的厚度，皮削得厚一點。（還是很大塊的話，再切成2半。）

②和米1握一起放進水裡（或是加洗米水），煮到竹籤可以穿透的程度，再用冷水浸泡。

③清洗馬鈴薯，削皮，用冷水浸泡。

④蒟蒻切成4等份的三角形，汆燙後用篩網瀝乾。

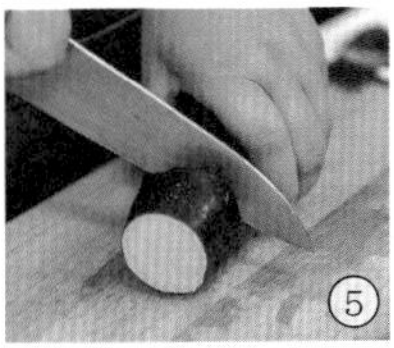

⑤地瓜不削皮，切成2～3公分的厚度，用冷水浸泡。

⑥牛蒡清洗後連皮斜切，汆燙5～6分鐘。

⑦水煮蛋煮好後剝殼。常溫的生雞蛋放入煮滾的熱水中煮10分鐘，再用冷水浸泡，剝殼就很容易。

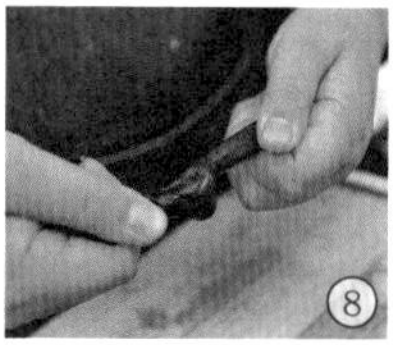

早煮昆布（提早採收可以快速煮熟的昆布），稍微用水泡開，縱折成半，打結。結要打得緊一點，免得煮到一半散開。

平底鍋熱鍋倒油（不沾鍋的話不用倒油），用中火煎烤雞中翅至表面成微焦色。（不需全熟。）

魚漿製品放入篩網中。大塊的製品切成適當大小。放入雞中翅，用熱水沖洗去油。

土鍋中加入高湯、酒、味醂、淡味醬油和鹽，開火。

放入馬鈴薯、地瓜、蒟蒻、牛蒡、白蘿蔔、海帶結、雞中翅和水煮蛋，蓋上鍋蓋，開小火，大約是煮滾後水面會噗嚕噗嚕冒泡的程度，燉煮約20分鐘。絕對不可以煮到整個滿出來。

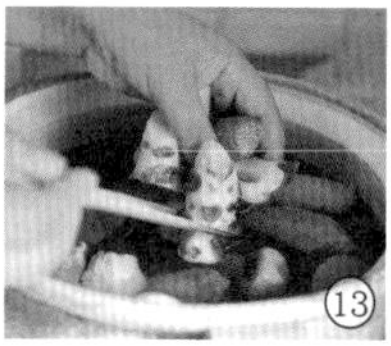

放入除了魚板外的其他魚漿製品。蓋上鍋蓋，用小火燉煮約20分鐘，熄火，嘗嘗味道。

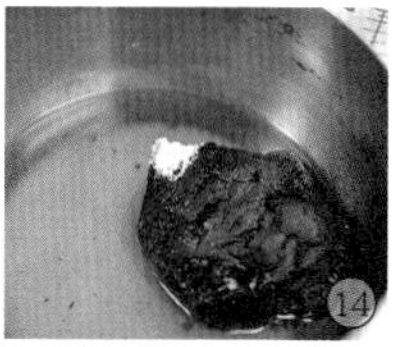

依個人喜好調製蘸醬。八丁味噌醬是在小鍋中放入八丁味噌、酒、水、砂糖和味醂混合均勻。

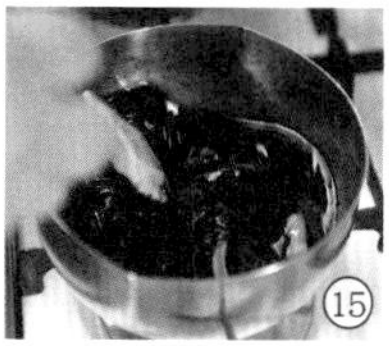

用小火一邊煮一邊攪拌至黏稠滑順。

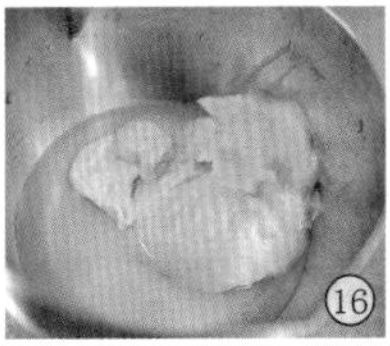

調製白味噌辣醬。
在小鍋中放入白味噌、辣椒粉、
高湯或水，混合均勻。

用小火一邊煮一邊攪拌至黏稠滑順。

餐桌上準備桌上型瓦斯爐。
放入切成容易食用大小的魚板，
用小火加熱，
煮熟後便可食用。
（依個人喜好搭配味噌醬。）

關東煮

恩田陸

前陣子看電視，有個問題是「怎樣的食物才叫做大人的食物？」被問的人怎麼回答我已經忘了，不過這個問題讓我印象十分深刻，一直在腦中迴盪著。

終於，最近在我嘗試照著報紙上的食譜，用小鍋子燉煮炸豆皮和香菇的時候，能夠回應這個問題的答案閃過了我的腦海。

大人的食物，就是「一邊挾一邊煮」的食物。

火鍋要一邊挾一邊煮，燉煮物要一邊挾一邊煮，關東煮也要一邊挾一邊煮。沒錯，「一邊挾」都是和「一邊煮」成對出現。「一邊挾一邊煮」其實帶著同時並行操作的意思。也就是說，大人的食物其實吃什麼不是主要的重點，食物反而是為了達成其他目的的一種手段。

對小孩子來說，食物本身就是目的所在。我小時候對吃沒什麼興趣，相當偏食，吃飯只是一種義務，而且非常痛苦。只想看書遊玩的我，對於媽媽喊著「吃飯了，快點過來」，一直都覺得很討厭。總之「廢寢忘食」這四個字就是在形容我。

但是長大之後，吃飯變成了一件愉快的事。尤其現在每天都在家裡寫稿子，晚餐變成我唯一的娛樂。大人是為了確保自己享有放鬆休息的時間和空間而進食。大人的食物是一邊挾一邊煮，一邊喝酒一邊聊天。互相爭辯，說著醉話，把工作忘掉。我們是在吃東西的時候，一起也把時間給吃下去。

其中，關東煮算是最符合「一邊挾一邊煮」的狀況了吧！事實上，雞蛋也好、蒟蒻也好，規矩不好的話，用筷子挾不起來是吃不了的。

小時候吃的關東煮跟長大後吃的關東煮，完全是兩回事。我想不出有哪樣食物會像這樣，在家裡跟在外面給人的印象有這麼大的不同。

家裡的關東煮，煮了之後就會連續好幾天都只吃這一鍋。味道很單調，馬上就膩了，吃撐了之後感覺很沒意思。我都只吃煮到入味的白蘿蔔跟蛋，吃完就想站起來說：「我吃飽了。」

可是，長大之後到關東煮專賣店去吃，可以囫圇吞完後走人，也可以慢慢吃，當成速食或者慢食都行，是一種非常有深度的食物。

關東煮的日文，おでん（ODEN），滿溢出幽默而哀傷的發音。以「ん（N）」結尾（日文沒有「ん」開頭的語詞），展現出語詞接龍無法繼續、乾淨俐落的結束感。

和日文發音的語感相同，關東煮是一種完全的食物。如果和生魚片或沙拉等其他配菜一起吃，感覺會很怪。要吃關東煮的話，就只能吃關東煮。

關東煮為什麼是大人的食物，還有另一個理由：關東煮徹頭徹尾就是一種個人的食物。點菜的時候，每個人分別挑選自己喜歡的種類，然後放在自己的盤子裡。即使坐在隔壁，即使是一對情侶，盤子裡的組合也不會相同。互相討論自己喜歡吃哪種關東煮，或是聊聊每個地區關東煮的種類，都是很有趣的話題。

最近加入蕃茄或青菜等蔬菜類的關東煮多了起來，不過我還是喜歡白蘿蔔、蒟蒻、雞蛋和牛筋。還有用豆皮包了麻糬的燒竹輪麩也不錯。

關東煮麻煩的地方，就是配料需要事先處理。可是不知道為什麼，每次從那個用四方形格子分區的不鏽鋼鍋子裡挑選好配料裝成一盤，總是會感覺到一種孤獨的寧靜。

從完全不同的地方，用完全不同的製作方法產生的配料，放在同一個盤子裡，就可以用「關東煮」一詞來概括，這不就像是人類社會的縮影嗎？是啊！很辛苦吧！雖然彼此間會有摩擦，但是既然有緣在這裡相逢，那就各自在自己的崗位上努力吧！不知不覺就很想這樣互相招呼打氣起來。

近來似乎只有在「多幸」之類的專賣店才看得到黑漆漆煮汁的關東煮。我記得好像在哪裡讀過，這種深色的關東煮因為是在關東流行，所以稱為關東煮。

幾年前去中國的時候，有個常常來日本、對日本美食非常清楚的中國人問我：「妳喜歡關東煮嗎？」我嚇了一大跳。是曾聽說到台灣展店的日本便利商店關東煮很受歡迎，可是我以為還沒流行到中國。不過去到上海的百貨公司超市，非常明顯地，那熟悉的不鏽鋼分區料理鍋，正咕嚕咕嚕地冒著煙，這不正是關東煮的攤位嗎？旁邊的紅色燈籠寫著「關東煮」。原來如此，中國又不用平假名，當然是寫「關東煮」這三個漢字。

每一種配料都分開煮的關東煮，在亞洲各國會發生怎樣的變化呢？像台灣這樣溫暖的國家，會加入水果或甜品的配料；中國使用的是豪華海鮮食材；至於擅長肉類料理的韓國，則是會出現肥腸等內臟。接下來還可以看到什麼樣的配料呢？真令人期待。

重回兩人生活的早餐。
（蘿蔔干絲、煮羊栖菜、五目豆）

材料（容易製作的份量）

蘿蔔干絲

- 蘿蔔干絲　30克
- 胡蘿蔔　½條
- 吻仔魚　25克

◆調味料和煮汁

- 麻油　1大匙
- 高湯　200cc（參照第10頁「高湯的製作方法」。）
- 淡味醬油　1大匙
- 味醂　1小匙

（這裡煮出來會是清脆的口感。
如果想要更軟一點，高湯可以再多一些。）

煮羊栖菜

- 乾羊栖菜　25克
- 乾香菇　2朵
- 炸豆皮　1塊
- 胡蘿蔔　½條

◆調味料和煮汁

- 高湯　200cc（參照第10頁「高湯的製作方法」。）
- 醬油　1½大匙
- 砂糖　1大匙
- 酒　1大匙
- 油　½大匙

五目豆

・黃豆（乾） 150克（泡開後約350克）
・胡蘿蔔 ½條
・牛蒡 ½支
總計約200克（＊）
・蒟蒻 ½塊
・乾香菇 3朵
・昆布 10公分×5公分 1塊
（＊依個人喜好若要加入蓮藕等其他配料，總計200克即可）

◆調味料和煮汁
・砂糖 2～2½大匙（甜度依個人喜好）
・淡味醬油 2½大匙
・泡開乾香菇和昆布的水 適量

工具
・內蓋

製作重點

孩子們都長大成家了，
夫妻倆又重新開始兩人生活。
所以設計了這一份久違了獨自兩人早餐的食譜。
烤鮭魚、味噌湯、白飯、小配菜各來一點，
然後搭配煮物的常備菜：蘿蔔干絲、煮羊栖菜、五目豆，
完全就是非常簡單而普通的日式早餐。
這次要介紹的是3種常備菜。
份量多做一點放在冰箱冷藏，
夏天可以放2～3天，冬天可以放4～5天。

做法（蘿蔔干絲）

蘿蔔干絲用水沖洗，然後浸泡15～20分鐘，擠出水分瀝乾。（如果太長可以切段方便食用）

胡蘿蔔削皮切絲。

用中火熱鍋，倒入麻油，放入吻仔魚稍微炒一下。

放入蘿蔔干絲和胡蘿蔔絲拌炒。

與麻油充分混合後，加入高湯、淡味醬油和味醂。

蓋上內蓋用中火燉煮，不時用筷子攪拌一下。

煮汁差不多都蒸發後熄火，內蓋繼續蓋著燜約5分鐘完成。

做法（煮羊栖菜）

羊栖菜用水泡開。
嘗嘗口感，浸泡到還有嚼勁即可，
約10～15分鐘。
（泡過頭會太軟，要小心。）

泡開後用篩網撈起瀝乾。

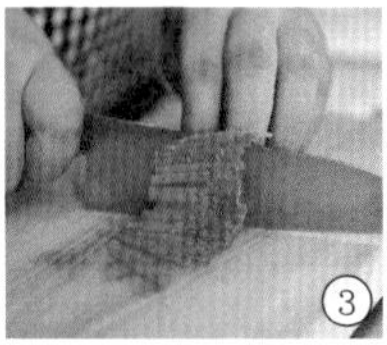

胡蘿蔔切成稍粗的絲狀。

炸豆皮的油用廚房紙巾吸乾。

炸豆皮橫切成半，
再切成5公釐的細條。

泡開的乾香菇擠乾水分，
除去蒂頭，切成薄片。

用中火熱鍋，倒油，
放入羊栖菜快炒。

與油充分混合後，
放入乾香菇、胡蘿蔔和炸豆皮，
稍微翻炒一下。

加入高湯、酒、砂糖和醬油。

煮沸後蓋上內蓋，
不時攪拌混合，
把煮汁煮乾後完成。

做法（五目豆）

黃豆快速洗一下，
浸泡一晚。
可以放室溫下，
不過如果天氣很熱，還是要放冰箱冷藏。

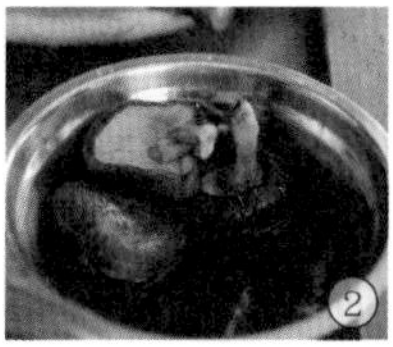

乾香菇和昆布用水泡開。
昆布泡約30分鐘，
乾香菇泡到軟。
浸泡的水要留起來當煮汁備用。

煮黃豆。
直接用浸泡的水開中火煮。
煮滾後仔細漂去浮末。

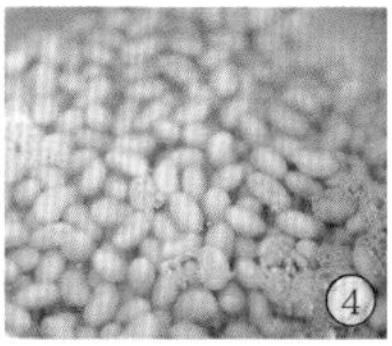

漂去浮末後轉小火，燉煮1小時～1小時半至鬆軟。如果水量蒸發了，就加到能夠蓋過黃豆的程度。

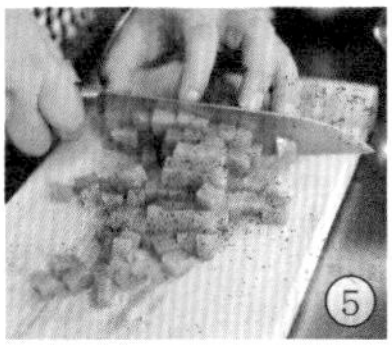

煮黃豆的期間，將蒟蒻切成1公分的小塊。

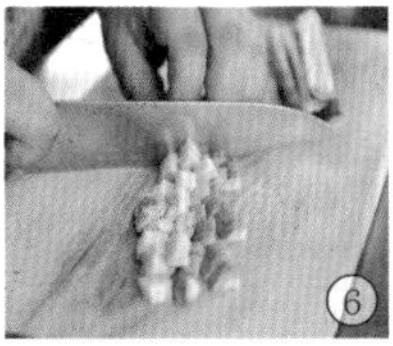

用鬃刷仔細清洗牛蒡，縱切成4半，再切成1公分的小塊，約和煮好的黃豆同樣大小。

切好的牛蒡泡水備用。（煮前要先瀝乾。）

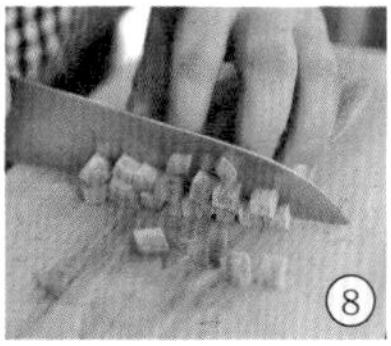

胡蘿蔔削皮，切成和其他材料同樣約1公分的小塊。

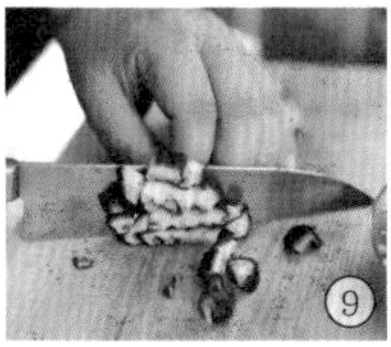

泡開的乾香菇擠出水分，除去蒂頭，切成1公分的小塊。

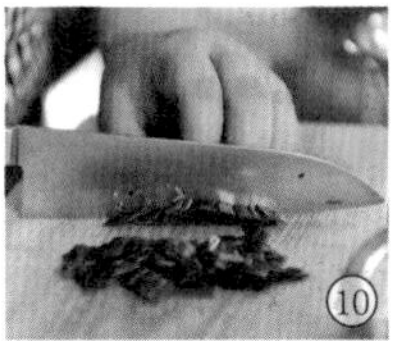

泡開的昆布切成1公分的小塊。

蒟蒻汆燙後用篩網瀝乾。

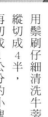

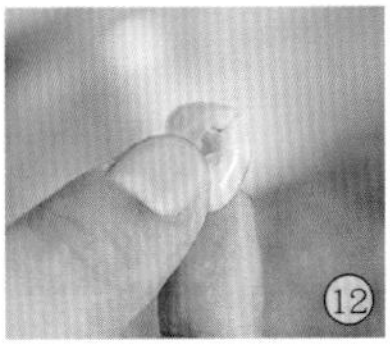

嘗嘗黃豆的軟硬。
然後用手指壓一下，
能夠大概壓碎就表示煮好了。
（很燙要小心。）

將配料全部放進煮好的黃豆湯鍋中。

將泡香菇和昆布的水
也倒進鍋中至蓋過材料，
開中火加熱。

煮滾後漂去浮末。

加入砂糖和淡味醬油各1大匙。

蓋上內蓋燉煮約10分鐘。

加入剩下的砂糖和淡味醬油。

蓋上內蓋繼續燉煮，
不時攪拌一下。
約20～25分鐘幾乎煮乾後就完成了。
熄火，內蓋繼續蓋著燜，
讓味道融合。

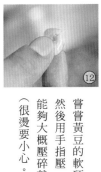

你和你周圍的人們，一定會。

和身邊的人聊起想吃些什麼的話題，會說出哪道料理的名字呢？「LIFE」這套料理書，就是為了這種時候而策劃誕生的。

飯糰也好，咖哩也好，漢堡排也好，隨口就可以說出的料理，覺得很平凡，似乎不需要特別寫書來介紹吧！可是啊，可是，這樣隨口說出的料理，如果能夠做得非常好吃，那就會變成「無論是誰都會馬上想到的好吃料理」。

「我想吃那個，煮一下吧！」只是隨便講一下，但做出來卻是「無敵美味的料理」，不是很棒嗎？因為我想製作出這樣的料理書，所以才策劃了「LIFE」系列。

不管是誰都能夠想到，而且還做得出來，那書也許會賣不出去吧？還在企劃階段，應該都會有點擔心，不過我們倒是完全沒有這樣的想法。

當然就是因為有飯島奈美小姐的緣故。

從電影《海鷗食堂》認識了飯島小姐之後，我們對她所做的料理深深著了迷。同時也注意到她「對於每一種料理都會研究嘗試到做出最好吃的味道」這樣的執著。

原本就是料理設計師的飯島小姐，在電影、電視節目和廣告中，負責依照背景故事來設計料理。所以寫出料理書也是讓料理擔任演員的角色，融入各種生活的場面。只要有這麼一本書在手，即使完全沒做過菜，也能夠讓喜歡的人，甚至是自己，感到開心。一開始只是動機單純的企劃，因為連我們製作人員在內的「LIFE」發燒友熱切的期望，「那個也想吃吃看」、「這個請一定要收錄在書中」，對美食的慾望完全無法壓抑，終於最後出到第3本。

手邊有這套料理書的朋友，請一定要瀏覽第1冊、第2冊和這本第3冊的目錄……不管是哪一道菜都無法刪掉對吧？《LIFE 3》基本上算是一個總結，或許再過幾年，人們腦海中浮現好想吃的料理也有可能隨之改變。總之，目前就是出到這裡為止。

對於飯島奈美小姐、「LIFE」系列的三本料理書，還有喜歡這套書的讀者們，我還是忍不住要老王賣瓜一下：

「這些料理一定能夠讓你和你周圍的人們感到幸福。」

在此衷心感謝你們，買了這套書、讀了這套書、煮了裡面的料理、吃了裡面的料理。

hobo日刊糸井新聞　糸井重里

這些料理一定能夠讓你和周圍的人們感到幸福。

日本亞馬遜網路書店最高五顆星評價，
感動無數日本讀者的飯島風食譜！
蒐錄22道大家最想吃的料理。
最平凡的菜，卻最溫暖人心。

另收錄四篇料理散文
- ●hotcake與我／谷川俊太郎
- ●咖哩與我／吉本芭娜娜
- ●萩餅守護者／系井重里
- ●高麗菜卷／重松清

飯島奈美 著
定價 320元
ISBN 978-986-6780-91-2

Recipe

爸爸的拿坡里義大利麵
兩人份的早餐
- ●奶油吐司
- ●火腿蛋

春天的豆皮壽司
褒獎孩子的日式炸雞塊
媽媽的鬆餅
那麼，來去野餐吧？的三明治
- ●鮪魚三明治
- ●雞蛋三明治
- ●火腿起司三明治
- ●蔬菜三明治
- ●小黃瓜火腿三明治

哥哥加油！的漢堡排
- ●馬鈴薯沙拉
- ●奶油玉米
- ●糖蜜胡蘿蔔
- ●漢堡排

小小慶祝會的散壽司
在家約會的義大利肉醬麵
休假日的爸爸咖哩
家庭味布丁
《海鷗食堂》的薑燒豬肉
朋友來訪時的蛋包飯
夏末的天婦羅
阿嬤的紅豆萩餅
運動會的飯糰
大人的味噌鯖魚
全家團圓的什錦炊飯
廚房小幫手的高麗菜卷
趁熱享用的豬肉蔬菜味噌湯
宵夜的焗烤通心麵
忙碌時刻的親子雞肉蓋飯

23道簡單的家庭美味，
適合每個大日子小日子，
為了自己與喜歡的人親自下廚。
好吃的祕訣是：跟著食譜輕鬆做、
和喜歡的人一起吃。

另收錄四篇料理散文
●冰箱裡的老朋友／西川美和
●油炸物的真面目／村松友視
●家常牛排／石川直樹
●聖誕節／清水美智子

飯島奈美 著
定價 320 元
ISBN 978-986-6029-55-4

Recipe
美味的納豆
少年可樂餅
「至少要會做這道菜！」的馬鈴薯燉肉
全體總動員！的煎餃
發薪日前的蔬菜炒肉
從老家回來那天的太卷壽司
感冒快快好的茶碗蒸
單身獨居的素食烏龍麵
令人懷念的蒸糕
請客大放送的叉燒肉
青春的日式煎蛋捲
●甜煎蛋捲
●甜鹹煎蛋捲
●高湯煎蛋捲

綜合油炸盤
充滿回憶的水果三明治
男生的大盤炒飯
打起精神！的牛肉蓋飯
大人小孩都喜歡的日式炒麵
暑假，爸爸辛苦了！的糖醋肉
家常牛排（大人的沙朗牛排）
媽媽要出門那天早餐的馬鈴薯沙拉
下雪天的奶油濃湯
姊妹火鍋
聖誕節的草莓鮮奶油蛋糕
聖誕烤雞

LIFE 3

每天都想回家吃！的料理

作者　飯島奈美
攝影　大江弘之
翻譯　徐曉珮
完稿　黃祺芸、方慧穎
編輯　古貞汝
校對　連玉瑩
行銷　石欣平
企劃統籌　李橘
總編輯　莫少閒
出版者　朱雀文化事業有限公司
地址　台北市基隆路二段13-1號3樓
電話　02-2345-3868
傳真　02-2345-3828
劃撥帳號　19234566朱雀文化事業有限公司
e-mail　redbook@ms26.hinet.net
網址　http://redbook.com.tw
總經銷　大和書報圖書股份有限公司（02）8990-2588
ISBN　978-986-6029-91-2
初版一刷　2015.11
定價　350元

國家圖書館出版品預行編目

LIFE3 生活味：每天都想回家吃！的料理／
飯島奈美著；徐曉珮翻譯.
---- 初版 ---- 台北市：朱雀文化，2015.
面；公分.----（Lifestyle；036）
ISBN978-986-6029-91-2

1. 食譜
427.1　　　104011057

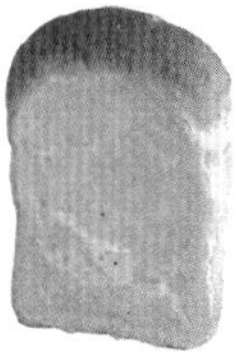

IIJIMA Nami's homemade taste

About 買書：

●朱雀文化圖書在北中南各書店及誠品、金石堂、何嘉仁等連鎖書店，以及博客來、讀冊、PCHOME 等網路書店均有販售，如欲購買本公司圖書，建議你直接詢問書店店員或上網採購。如果書店已售完，請洽本公司經銷商大和書報圖書股份有限公司 TEL：（02）8990-2588（代表號）。

●●至朱雀文化網站購書（http://redbook.com.tw），可享 85 折起優惠。

●●●至郵局劃撥（戶名：朱雀文化事業有限公司，帳號 19234566），掛號寄書不加郵資，4 本以下無折扣，5 ～ 9 本 95 折，10 本以上 9 折優惠。

LIFE